元素の周期表

凡例
族番号 → 1
原子量 → 1.008
原子番号 → 1H ← 元素記号
水素 ← 元素名

1	2	3	4	5	6	7	8	9	10	11	12	13	14	15	16	17	18
1.008 $_1$H 水素																	4.003 $_2$He ヘリウム
6.941 $_3$Li リチウム	9.012 $_4$Be ベリリウム											10.81 $_5$B ホウ素	12.01 $_6$C 炭素	14.01 $_7$N 窒素	16.00 $_8$O 酸素	19.00 $_9$F フッ素	20.18 $_{10}$Ne ネオン
22.99 $_{11}$Na ナトリウム	24.31 $_{12}$Mg マグネシウム											26.98 $_{13}$Al アルミニウム	28.09 $_{14}$Si ケイ素	30.97 $_{15}$P リン	32.07 $_{16}$S 硫黄	35.45 $_{17}$Cl 塩素	39.95 $_{18}$Ar アルゴン
39.10 $_{19}$K カリウム	40.08 $_{20}$Ca カルシウム	44.96 $_{21}$Sc スカンジウム	47.87 $_{22}$Ti チタン	50.94 $_{23}$V バナジウム	52.00 $_{24}$Cr クロム	54.94 $_{25}$Mn マンガン	55.85 $_{26}$Fe 鉄	58.93 $_{27}$Co コバルト	58.69 $_{28}$Ni ニッケル	63.55 $_{29}$Cu 銅	65.38 $_{30}$Zn 亜鉛	69.72 $_{31}$Ga ガリウム	72.63 $_{32}$Ge ゲルマニウム	74.92 $_{33}$As ヒ素	78.97 $_{34}$Se セレン	79.90 $_{35}$Br 臭素	83.80 $_{36}$Kr クリプトン
85.47 $_{37}$Rb ルビジウム	87.62 $_{38}$Sr ストロンチウム	88.91 $_{39}$Y イットリウム	91.22 $_{40}$Zr ジルコニウム	92.91 $_{41}$Nb ニオブ	95.95 $_{42}$Mo モリブデン	(99) $_{43}$Tc テクネチウム	101.1 $_{44}$Ru ルテニウム	102.9 $_{45}$Rh ロジウム	106.4 $_{46}$Pd パラジウム	107.9 $_{47}$Ag 銀	112.4 $_{48}$Cd カドミウム	114.8 $_{49}$In インジウム	118.7 $_{50}$Sn スズ	121.8 $_{51}$Sb アンチモン	127.6 $_{52}$Te テルル	126.9 $_{53}$I ヨウ素	131.3 $_{54}$Xe キセノン
132.9 $_{55}$Cs セシウム	137.3 $_{56}$Ba バリウム	57〜71 ランタノイド	178.5 $_{72}$Hf ハフニウム	180.9 $_{73}$Ta タンタル	183.8 $_{74}$W タングステン	186.2 $_{75}$Re レニウム	190.2 $_{76}$Os オスミウム	192.2 $_{77}$Ir イリジウム	195.1 $_{78}$Pt 白金	197.0 $_{79}$Au 金	200.6 $_{80}$Hg 水銀	204.4 $_{81}$Tl タリウム	207.2 $_{82}$Pb 鉛	209.0 $_{83}$Bi ビスマス	(210) $_{84}$Po ポロニウム	(210) $_{85}$At アスタチン	(222) $_{86}$Rn ラドン
(223) $_{87}$Fr フランシウム	(226) $_{88}$Ra ラジウム	89〜103 アクチノイド	(267) $_{104}$Rf ラザホージウム	(268) $_{105}$Db ドブニウム	(271) $_{106}$Sg シーボーギウム	(272) $_{107}$Bh ボーリウム	(277) $_{108}$Hs ハッシウム	(276) $_{109}$Mt マイトネリウム	(281) $_{110}$Ds ダームスタチウム	(280) $_{111}$Rg レントゲニウム	(285) $_{112}$Cn コペルニシウム	(278) $_{113}$Nh ニホニウム	(289) $_{114}$Fl フレロビウム	(289) $_{115}$Mc モスコビウム	(293) $_{116}$Lv リバモリウム	(293) $_{117}$Ts テネシン	$_{118}$Og オガネソン

ランタノイド

138.9 $_{57}$La ランタン	140.1 $_{58}$Ce セリウム	140.9 $_{59}$Pr プラセオジム	144.2 $_{60}$Nd ネオジム	(145) $_{61}$Pm プロメチウム	150.4 $_{62}$Sm サマリウム	152.0 $_{63}$Eu ユウロピウム	157.3 $_{64}$Gd ガドリニウム	158.9 $_{65}$Tb テルビウム	162.5 $_{66}$Dy ジスプロシウム	164.9 $_{67}$Ho ホルミウム	167.3 $_{68}$Er エルビウム	168.9 $_{69}$Tm ツリウム	173.0 $_{70}$Yb イッテルビウム	175.0 $_{71}$Lu ルテチウム

アクチノイド

(227) $_{89}$Ac アクチニウム	232.0 $_{90}$Th トリウム	231.0 $_{91}$Pa プロトアクチニウム	238.0 $_{92}$U ウラン	(237) $_{93}$Np ネプツニウム	(239) $_{94}$Pu プルトニウム	(243) $_{95}$Am アメリシウム	(247) $_{96}$Cm キュリウム	(247) $_{97}$Bk バークリウム	(252) $_{98}$Cf カリホルニウム	(252) $_{99}$Es アインスタイニウム	(257) $_{100}$Fm フェルミウム	(258) $_{101}$Md メンデレビウム	(259) $_{102}$No ノーベリウム	(262) $_{103}$Lr ローレンシウム

（原子量は4桁の有効数字で示した）

asic Chemistry for Biosciences

バイオサイエンスのための

基礎化学

平 修・杉浦 悠毅・田村 倫子・永井 俊匡 著

化学同人

はじめに

　本書は，生物学をメインに学ぶ学生さんにとり，化学がどうして必要なのかを知ってもらうための教科書である．

　理系の大学を卒業するということは，基本的には科学者になるということである．科学者は，知っていることが多いほど問題を発見・解決できる．ソクラテスがいったように「無知は罪」なのである．知識と知恵を駆使して，それでも解けないことは仕方がない．200 年後の科学者へ託そう．

　とにかく，生物学を知るためには，他の側面（学問）から見る知識が必要になってくる．正面から見たら四角いものが，上から見たら丸いものもある（つまり円柱）．

　生物学では「生命とは何か」を必ず考える．セントラルドグマ（DNA → 転写 → mRNA → 翻訳 → タンパク質合成）により，遺伝情報は正確に伝達される．生物学では当たり前のように習うことであるが，これを化学（熱力学の第二法則）から見てみると，何とも自然の法則に逆らって起こっている事象だと知る．このことを知ったとき，生きることが苦しいのは当然なのかと私（平）は哲学的にさえなった（9 章 9.8 節「生命とエントロピー」を参照）．

　また私は，数学で指数は便利だなあと思っていたが，対数（log）が何に便利なのかは無知であった．pH（水素イオン指数）の p が $-\log$ であることを知ってからは，なるほど！対数とは必要な考え方なのだとわかった（7 章「濃度計算」を参照）．

　化学を好きか嫌いか，そんなことすら思わなくなるように，大学では科学全体を学んでほしい．本書がその一助になれば幸いである．

　2023 年 2 月

著者を代表して

平　修

目　次

▶練習問題の解答は化学同人 HP に掲載されています.
　https://www.kagakudojin.co.jp/book/b615259.html

1章

歴史から見る化学

▶ 1.1 どうして歴史？

　本書を手にとるのは理系大学の 1, 2 年生が多いだろう．将来，**研究** (Research) から新しい**発見** (Discovery) や**開発** (Development) をして，世の中に貢献する **R & 2D** のスタートラインに立った科学者の卵のみなさんである．

　本章では科学史について少し触れたい．理系の学生諸君は，どうして化学の教科書に歴史が必要なのか，高校時代，歴史が苦手だったから理系を選んだのに，と思う人も少なくないだろう．ただ，この先多くの大学の先生や研究室の先輩から，「○○年△△が□□を発見した，開発した」と聞くことが多くなる．講義を受けている学生さんが「何で今，歴史？」と怪訝な顔をしているのを何度も見たことがある．

　科学の発達で，私たちの身の回りはすこぶる便利になってきた．それがすべて人々の幸福につながったのかという議論は他の著書に任せるとして，とにかく人類の好奇心が科学の発達を後押ししてきたのは間違いない．

　理系大学生は，その大前提に立ち返ると，① 科学者の卵であり，② 新しいことを見つけるのが使命である．そのためには，既知なこと，未知なことをしっかりと「知る」必要がある．無知（知らない）ではいられない．そこでここから，先人たちが何を見つけ，開発してきたのか，歴史を紐解きながら紹介していきたい．

▶ 1.2 古代ギリシャから近代まで

　先ほど述べたように，現代は，科学の発達 ＝ 社会に還元する（役に立つ）と

いう風潮が強い．実際，そういった分野には多額の資金が投入される．しかし元々，科学の進歩は，「自然現象をどうにか一般化して理解したい」という人間の知的好奇心によるところが大きかった．

古くは紀元前600年頃から，古代ギリシャの哲学者たちは，身の回りの現象が神話だけでは説明がつかないことに疑問や不満をもち始めた．そこで彼らは自然現象を観察し，仮説を立て，実験し，仮説の検証を始めた．「水は万物の元である」という説を唱えたタレス（前580年頃）や，密度の証明や円周の計算などを行ったアルキメデス（前280頃～212年）から始まり，時代を下ってルネサンス時代に解剖学など多彩な分野で活躍したレオナルド・ダ・ヴィンチ（1452～1519年）が有名である．

哲学者（Philosopher）が自然現象について観察し，仮説を立て，実験し，検証したときに，**科学者**（Scientist）は誕生した．Sci とは「知」という意味である．そこで現代でも博士号は Ph.D.（Doctor of Philosophy，ラテン語で Philosophiae Doctor）と呼ばれる．ちなみに，博士（はくし）と博士（はかせ）は意味が違う．前者はその道を究めた者で，後者は物知りな人という意味である．

図1.1は，大学の学部以上を卒業すると授与される学位とその意味である．みなさんが，将来何になるために，どのくらい学び，研究したらよいかの目安になるだろう．

大学

→ 学士号（学問をした者）

　4年間，Bachelor

大学院

→ 修士号（専門的な学問をした者）：問題解決能力

　博士前期課程，2年間，Master

→ 博士号（専門を究めた者）：問題発見能力

　博士後期課程，3年間，Doctor of Philosophy：Ph.D.

図1.1　大学と大学院で授与される学位

さてここからは，18世紀以降に活躍した近代の化学者を紹介しよう．

- アントワーヌ・ローラン・ド・ラヴォワジエ（1743～1794年，フランス）1774年に**質量保存の法則**「化学反応の前後において物質の総量は変化しない」を発見した．
- ジョゼフ・ルイ・プルースト（1754～1826年，フランス）　1799年に**定比例の法則**「化合物AとBが同じ物質の場合，両者を構成する元素の質量比は常に等しい」を発見した．

- ジョン・ドルトン（1766～1844 年，イギリス） 1800 年に**化学的原子論**「物質は原子からできている．これはそれ以上分割できない粒子である」を発表した．
- ジョセフ・ルイ・ゲー・リュサック（1778～1850 年，フランス） 1808 年に**気体反応の法則**「二つ以上の気体から反応によって気体が生成されるとき，それらの気体の体積間には簡単な整数比が成立する」を発見した．
- アメデオ・アボガドロ（1776～1856 年，イタリア） 1811 年に**分子説**「気体はいくつかの原子が結合している．気体は同温・同圧下では気体の種類に関係なく同数の分子を含む」を発表した．

　古来より，物質とは何か，化学的な思考がなされてきた．そしてこの頃から，実験によって得られたデータをもとに，物質はどこまで分ける（分割する）ことができるのか，最小構成単位は何なのかを決めるために，上記のさまざまな法則が発見されてきた．

　ドルトンの化学的原子論から約 100 年後の 1897 年，ジョセフ・ジョン・トムソン（1856～1940 年，イギリス）が陰極線はマイナスの電荷と質量をもつ粒子（電子）からなることを発見し，1904 年には正電荷の球の中に電子が分布していることを論文で発表した（**図 1.2a**）．ご存じの通り，これは現代化学では正しくない．数奇なことに，まったく同じ号の論文誌に日本の長岡半太郎（1865～1950 年）が「正電荷をもつ原子核の周りを電子が回る」という現在の私たちがよく知る原子モデルに近い説を発表している（**図 1.2b**）．ただし，そのモデルを証明する数値的な根拠が乏しいと評価されて，当時は受け入れられなかった．1911 年にアーネスト・ラザフォード（1871～1937 年，イギリス）がα線の散乱実験から発表した原子モデルが現在は認められている（**図 1.2c**）．これは長岡モデルとほとんど同じである．観察・実験・検証が科学では重要なのである．

　表 1.1 に，化学におけるこれまでの代表的な発見をまとめる．

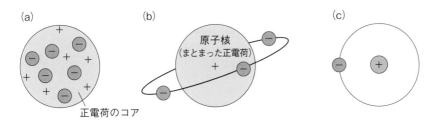

図 1.2　三つの原子モデル
（a）トムソンモデル，（b）長岡モデル，（c）ラザフォードモデル．

表1.1　化学にかかわる代表的な発見

西暦（年）	科学者	発見内容
紀元前　600	タレス	水は物質の元であるという説
546	アナクシメネス	空気は物質の元であるという説
450	エンペドクレス	四つの元素がさまざまな割合で結合するという概念
420	デモクリトス	原子の概念
紀元後　400	葛洪（かつこう）	不老不死薬発見の試み
1000	アヴィセンナ	『治癒の書』
1330	ボヌス	『高貴なる真珠』（錬金術書）
1500	ブルンシュヴィヒ	『真正蒸留法』
1620	ファン・ヘルモント	化学的生理学の確立
1625	グラウバー	実験化学への貢献
1661	ボイル	『懐疑的化学者』
1766	キャベンディッシュ	水素の発見
1775	ラヴォワジエ	空気の組成の発見
1787	ラヴォワジエ，ベルトレ	化学物質命名法
1800	プルースト	定比例の法則
1800	ドルトン	化学的原子論の提唱
1820	ベルツェリウス	元素の近代的記号の使用
1829	デーベライナー	三つ組元素
1860	ブンゼン，キルヒホフ	分光学的分析
1869	メンデレーエフ	周期律
1874	ツァイドラー	DDT の発見
1874	ファント・ホフ，ル・ベル	立体化学の確立
1886	ゴールドシュタイン	陰極線の命名
1897	トムソン	原子構造の提唱
1905	アインシュタイン	物質とエネルギーの同値性（$E = mc^2$）
1908	ゲルモ	スルファニルアミドの発見
1911	ラザフォード	原子の原子核モデルの提唱
1913	ボーア	原子のエネルギー準位の提唱
1922	バンディング，ベスト，マクレオド	インスリンの発見
1928	フレミング	ペニシリンの発見
1932	ユーレイ	ジュウテリウム（重水素）の発見
1942	フェルミ	最初の原子炉
1945		最初の原子爆弾（核分裂）
1950	ポーリング	ポリペプチドのらせん構造
1952		最初の水素爆弾（核融合）
1953	ワトソン，クリック	DNA の二重らせん構造
1958	タウネス，シャーロー	レーザー光線の開発
1970	ギオルソ	105 番元素（ドブニウム）の合成
1973	コーエン，チャン，ボイヤー，ヘリング	組換え DNA 研究の開始
1974	シーボーグ，ギオルソ	106 番元素（シーボーギウム）の合成
1979	クリュー	個々の原子の最初のカラー映像
1982	ムンツェンベルク，アームブラスター	109 番元素（マイトネリウム）の合成
1984	ガリコ	試験管皮膚の開発
1985	ジアナ	カゼウイルスを殺す化合物の開発
1987	ヒューストン大学，AT&T ベル研究所	電子工学上重要な応用が期待される高温超伝導酸化物の発見

▶ 1.3 日本人の貢献

国ごとの化学への貢献度を議論するつもりはないけれど，ここでは日本人の貢献について，ノーベル化学賞受賞者を紹介しよう．表1.2 に，その受賞者をまとめる．

表1.2　日本人のノーベル化学賞受賞者

受賞年	氏名	受賞理由
1981	福井謙一	化学反応過程の理論的研究
2000	白川英樹	導電性高分子の発見と発展
2001	野依良治	キラル触媒による不斉反応の研究
2002	田中耕一	生体高分子の同定および構造解析のための手法の開発
2008	下村　脩	緑色蛍光タンパク質（GFP）の発見と生命科学への貢献
2010	根岸英一	クロスカップリングの開発
	鈴木　章	同上
2019	吉野　彰	リチウムイオン二次電池の開発

受賞理由は，基礎研究から応用まで幅広い．大学の研究者が受賞することが多いが，田中耕一氏や吉野彰氏は民間企業の出身者である．どの道に進もうとも，科学者として研究することが受賞につながるのだ．また受賞者のなかには，今後の科学技術の発展のために，若手研究者の育成に力を注ぐことが重要であると説く方もいる．それは，ノーベル賞の受賞理由となった研究のほとんどが，受賞者が 30〜40 歳代で行ったものであるからではないか．本書を読んでいる学生のみなさんが，将来研究者となって 20 年以内に行う研究が世の中に変化をもたらす可能性があると思い，それならいろいろと勉強してみようと思ってもらえれば幸いである．

ここで一つ，田中耕一氏の業績について紹介しよう．物質の重さ（質量）を測定することは，物質の特性を理解できるということである．たとえば，薬剤（低分子）がきちんと生成されているのか，どのように代謝されたのかがわかる．また，タンパク質（高分子）の特性を理解することで，生体内で何が起こっているのか，また薬として働くかどうかもわかる．1970 年当時，標的物質をイオン化することで物質の質量を測定する質量分析技術は，存在はしていたものの，タンパク質のような高分子物質は，測定の過程でレーザーを照射するためにタンパク質が細切れに壊れてしまい，測定が困難であった．タンパク質のイオン化をソフトに行えれば，壊れることなく測定が行えるはずである．田中氏の功績は，コバルトナノ微粒子とグリセリンを混合したマトリックス（サンプルのイオン化を助ける物質）をタンパク質と一緒に混ぜたときに，タンパク質をソフトにイオン化することに成功したのである．この組合せは偶然生まれたと本

人が語っているが，偶然が起こるまでに何千回実験を行ったのかは想像に難くない．

　ちなみにこの成果は，1985年に日本国内の学会で発表されたもので，*Nature*や*Science*などの国際誌に掲載されてはいない．しかし，得られた結果のインパクトが大きく，ノーベル賞候補者として世界の研究者から推薦を得たのである．今でも田中氏は，日本質量分析学会で自ら発表したり技術開発をしたりと，精力的に研究活動を行いつつ，若手研究者の育成にも力を入れている．

　田中氏が開発したこの方法は**MALDI**（Matrix Assisted Laser Desorption/Ionization，**マトリックス支援レーザー脱離イオン化法**）と呼ばれる．本法は，化学，薬学，医学，工学，生命科学といったあらゆる分野で，誰もが一般的に行う分析法になっている．

▶ 1.4　化学の多様な分野

　化学の分野には，大きく分けて**有機化学**（organic chemistry）と**無機化学**（inorganic chemistry）がある．「有機」とは元々，実際に生きている，または生きていた有機体が由来とされ，「無機」は非生命体という意味合いであった．

---

column　科学的思考とは

　私たちの社会生活をよい方向へ一変させる出来事は，その裏に科学技術の進歩があることが多い．

　その進歩は「あんなこといいな，できたらいいな」と思いをめぐらすこと（着想）から始まる．この時点では「空想」と呼ばれるかもしれないが，それを念入りに調べて実証すれば，現実に変わる．そのために研究者は，次の順の科学的思考を常に堅く守っている．

① 観察と分類

　自然現象を観察した後，その現象をいくつかの制限の下で再び観察する．制限をかけることで実験に再現性が生まれ，論理性のある結論を導くことができる．さらに，収集したデータを解析することで分類する．

② 一般化

　得られた結果を注意深く解析し，一般化できないか（規則性を見出せないか）思慮する．規則性を常に導くことができ，簡潔な式または文章で表現できれば，それらを「法則」と呼べる．

③ 仮説

　②で得られた規則性に妥当性があるか，説明や理由をつけ，さらに実験を行う．

④ 理論

　③までで，例外なく思った通りの結果が得られた場合，仮説は理論になり，ある自然現象を科学的に説明できるモデルになる．

　よく「仮説を検証するために実験し，実証する」といわれるが，仮説は何もないところから生まれるわけではない．ある自然現象を観察した後に，ある程度，規則性や妥当性を見出したものが「仮説」と呼ばれる．

　研究者なら，「法則」と呼ばれる事象を一つ発見・実証するのが夢である．しかし，本当に完全無欠の法則かは，科学の発展とともに反証されるかもしれない．それもまた研究者の醍醐味である．

現代では意味合いが変わり，有機は炭素元素を含む物質，無機は炭素以外の元素からなる物質とされている．ただし，炭素のみで構成されるダイヤモンドや，CO_2 などは無機物質に分類されている．

　化学の発展により私たちの生活は豊かになった．病気になったときには薬があるし，安定した食糧供給をするために農薬が用いられる．これらはいうまでもなく化学物質である．ほかにもプラスチック，製紙，液晶技術など，一般生活への化学の恩恵は計り知れない．

　反面，副生成物の有害物質による環境破壊が問題視されているのも事実である．環境を守る努力は科学者の使命の一つである．

　ここまで科学または化学の歴史について，網羅的ではないが紹介してきた．18 世紀後半から 20 世紀後半にかけて科学は爆発的に発展した．20 世紀の漫画や映画では，21 世紀には車が空を飛んでいたり，飲み薬であらゆる病気が治ったりしている．その期待と比べると，実際の発展度合いは停滞気味なのかもしれない．

　今後，22 世紀になるまでに，未知のものがどのくらい既知に変わるのか楽しみに思えないだろうか．ただしそれは，世の中を正しい方向へ変えられるもののみであってほしい．本書を執筆している 2022 年にはコロナ禍が続いているが，本書を読んでもらっているときには，人類はこの苦境をきっと克服していると信じたい．

練習問題

1. アルキメデスはシラクサの王ヒエロン 2 世から，王冠が純金製なのか銀が混じったものなのか調べるよう命じられた．見た目からはわからない．どのようにして調べたのか説明しなさい．

2. 解剖学（anatomy）という言葉は 16 世紀にヨーロッパで生まれた．それから約 100 年後，光学顕微鏡（optical microscope）が発明され，生物の最小構成単位の細胞（cell）を視認できるようになった．さらに 20 世紀になると，透過型電子顕微鏡（transmission electron microscope）によりウイルスが見えるようになった．現在は，原子間力顕微鏡（atomic force microscope）や走査型トンネル顕微鏡（scanning tunneling microscope）により，分子や原子が見えるようになった．

   a．見たいから科学が発達したのだろうか，科学が発達したから見えるようなったのだろうか．考えなさい．

   b．22 世紀には何が見えるようになるだろうか．考えなさい．

2章
化学で扱う数

▶ 2.1 はじめに

　大学の生物科学系の学部に進学した学生のみなさんは，在籍する大学や学部によっても異なるけれども，一般的には，入学直後の教養課程では基礎的な化学実験を，2年次以降の専攻学科では専門分野の講義に直結した生化学実験，食品化学実験，あるいは分析化学実験などを受講するだろう．いうまでもなく，高等学校で学んだ化学は，これから大学で新たに学ぶ**生化学**と，それを解析するために必要な**分析化学**などを理解するための重要な基礎学問である．生化学は生物を取り扱う学問であるが，消化，エネルギー代謝，血液凝固・線溶系，DNA の複製や転写など，生体内における物質代謝，防御反応，そして生殖をはじめとする重要な生体内反応はほとんどが酵素によってなされており，生化学を生物（生体）酵素化学と言い換えてもよいほどである．

　学生のみなさんは今後，学生実験で自ら実験を行い，その結果をレポートとしてまとめることになる．そこでは，サンプルの採取と目的物質の抽出，試薬や緩衝液の調製，そして**分析機器**を用いて測定した実験データを解析し，考察に頭を絞ることになるだろう．実験データの多くは数値として分析機器のパネルや付属のパソコンのアプリケーションソフトに表示されるが，タンパク質や核酸の電気泳動[*1] パターンや薄層クロマトグラフィー[*2] の分離パターンのように，目的物質が原点から移動した距離をスケールで直接測定することもある．近年の分析機器の進歩にはめざましいものがあり，この 20 年間における測定機器の小型化とコンピュータ制御による迅速・簡便化には目を見張らされる．当然のことながら，上に述べた電気泳動パターンや薄層クロマトグラフィーの分離パターンをスキャナーでコンピュータに取り込んで画像化し，その移動距離を正確に測定するソフトも存在する．しかしながら，学生実験で大切なこと

*1　タンパク質はアミノ酸から，核酸は塩基・リボース・リン酸からなる高分子で，水溶液中ではイオン化する．スウェーデンの W・ティセリウスは 1930 年に「タンパク質の水溶液に通電すると，タンパク質はその電荷によって電場内を移動する」ことを報告した．これ以降，電気泳動法はタンパク質と核酸の分析に必須の手法となった．

*2　クロマトグラフィーという名称は，複数の成分からなる植物色素のクロロフィルを分離したことに由来し，今日では物質の分離や精製などに広く用いられている．薄層クロマトグラフィーは，物質が分離される場となる担体（ガラス板にシリカ，アルミナ，ポリアミドを薄く塗布したもの）と，物質を溶解して運搬する溶媒の移動相とからなる．

は，その実験の意義と使用する測定機器の測定原理を理解することであり，得られた測定値が何を意味するのか，成書を参考として考察することが重要である．学生実験で学んだことは，4年次の卒業研究，大学院での研究，さらには生命科学関連の企業に就職したときに，そこで携わる職務にも必ず役立つ．そのため，下調べをせずに実験や実習に臨むことは慎まなければならない．

最後に，物理学的に測定した数値，すなわち測定値には常に**誤差**が含まれる．本章では，この誤差を含む数値の取扱いについて説明する．

▶ 2.2 指数と有効数字

2.2.1 指数を用いる意味

化学では，原子や分子の1個の質量というきわめて微小な値（たとえば水素原子の質量は 0.000 000 000 000 000 000 000 001 674 g）から，12 g の炭素に含まれる原子の数（602,000,000,000,000,000,000,000 個）のようにきわめて莫大な値までを扱う．しかし，この表記では**位取りの数**が多過ぎて書く手間や書き誤りを招き，表記法として適切ではない．そこで**指数** n，つまり 10^n（n は整数）を用いることで，位取りの数を簡潔かつ正確に表すことができる．学生のみなさんは，すでに中学校や高等学校の数学で学習してきたと思うが，ここで再度復習しよう．

例として，位取りの数が4の 10,000 と 0.0001 を考えてみよう．それぞれ1と 10^n の積に変換することができる．

$$10,000 = 1 \times 10 \times 10 \times 10 \times 10 = 1 \times 10^4$$
$$0.0001 = 1 \times 1/(10 \times 10 \times 10 \times 10) = 1 \times 1/10^4$$

この2式では，位取りの数と指数の値（ここでは4）が一致する．また，$1/10^n = 10^{-n}$ であるから $0.0001 = 1 \times 10^{-4}$ となる．1よりも大きい数値を $A \times 10^n$，1よりも小さい数値を $A \times 10^{-n}$ で表し，A は通常，$1 \leq A < 10$ とする．そこで指数の表記は $A \times R^n$ となり，R は**基数**，A は**仮数**，そして n は**指数**と呼ばれている．通常，10進法で表記するため，R には 10 を用いる．

先に示した水素原子の質量および 12 g の炭素に含まれる原子数をそれぞれ $A \times 10^n$ で表すと

$$0.000\ 000\ 000\ 000\ 000\ 000\ 000\ 001\ 674\ \text{g} = 1.674 \times 10^{-24}\ \text{g}$$
$$602,000,000,000,000,000,000,000\ \text{個} = 602 \times 10^{21}\ \text{個} = 6.02 \times 10^{23}\ \text{個}$$

となり，簡潔かつ正確に表すことができる．

ここで指数の計算法と，その例をあげよう．

$$10^a \times 10^b = 10^{a+b} \qquad (例)\ 10^3 \times 10^5 = 10^{3+5} = 10^8$$

$$10^a \times 10^{-b} = 10^{a-b} \qquad (例)\ 10^3 \times 10^{-5} = 10^{3-5} = 10^{-2}$$

$$10^a \div 10^b = 10^{a-b} \qquad (例)\ 10^8 \div 10^3 = 10^{8-3} = 10^5$$

$$10^a \div 10^{-b} = 10^{a-(-b)} = 10^{a+b} \qquad (例)\ 10^8 \div 10^{-3} = 10^{8-(-3)} = 10^{8+3} = 10^{11}$$

$$(10^a)^b = 10^{a \times b} = 10^{ab} \qquad (例)\ (10^2)^3 = 10^{2 \times 3} = 10^6$$

$$(10^a)^{-b} = 10^{a \times (-b)} = 10^{-ab} \qquad (例)\ (10^2)^{-3} = 10^{2 \times (-3)} = 10^{-6}$$

以上のように，測定値を $A \times 10^n$ $(1 \leqq A < 10)$ に変換すると，正確で理解しやすい.

2.2.2 測定値と誤差

　自然科学では，実験室や野外において研究対象の重量・長さ・体積・温度・pH などを測定することが往々にしてある. このとき，用いられる測定機器によって測定値の範囲が異なる. たとえば，食材の重量を測定するクッキングスケールで 10 kg 包装の米袋を測定することや，体重計を用いて砂糖 30 g を測定することが不適当であることは，容易に想像がつくだろう. 測定する対象物の重量に応じた秤（はかり）を使用することは，より正確な測定値（対象物の真の重量に限りなく近い値）を得るために必須である. また測定値の表示も，以前によく見られた中央の針が回転して円周上の目盛りを指すアナログタイプのものは，最近では少なくなり，ほとんどデジタル表示のものに変わりつつある. 大学や試験場などの研究機関で使用されている測定機器もデジタル表示で，連結したコンピュータで測定条件の入力や測定データの記録・解析などを行うものが多い.
　ここで鶏卵の重量を測定することを考えてみよう. 秤として旧式のアナログ表示のクッキングスケール（最大秤量 200 g，最小目盛り 1 g）を用いる. 鶏卵の重量はニワトリの品種や飼養環境によっても異なるが，小さいもので 40 g，大きいものでは 75 g ほどの範囲にある. 通常，私たちが購入する M サイズの鶏卵は 58 g から 64 g 程度である. M サイズの鶏卵 1 個をこの旧式のクッキングスケールの皿に載せたところ（この秤の精度には何ら問題がないと仮定する），針先が 62 g と 63 g の目盛りの間を指した（図 2.1a）. そこで目視で，針先の位置から目分量で小数第一位まで読んで，鶏卵の重量測定値を 62.6 g とした. この鶏卵の重量は 62 g よりも重くて 63 g には満たない値であることは間違いない. ただし，1/10 の位（小数第一位）は測定者の目視によるものであり，さらに 1/100 の位（小数第二位）以下の数に至っては微小過ぎて判別することさえできない. したがって，この鶏卵重量の測定値の小数第一位は，小数第二位以下の数を四捨五入していると考えるべきである. ここで，この鶏卵の真の重量を w g とすると，w の範囲は $62.55 \leqq w < 62.65$ と表される. この真の重量 w

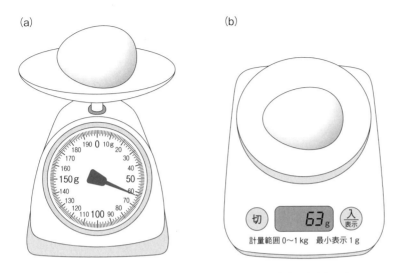

図2.1　(a) アナログ表示のクッキングスケール，(b) デジタル表示の
　　　　クッキングスケール

と測定値の差を**誤差**といい，測定値の 62.6 には± 0.05 の誤差があると考えら
れる．ただし通常，目視で目盛りを読む際は，測定者の主観や癖などによる誤
差のほうが大きく，この場合は 62.5 から 62.7 の間で 62.6 と読んだと考えられ，
± 0.1 の誤差が生じたと見なすべきである．したがって，この場合，真の重量
w の範囲は 62.5 < w < 62.7 であると考えられる．

　次に，デジタル表示のキッチンスケールの場合を考えてみよう（旧式と同様
に，この秤も精度には問題がないと仮定する）．この秤には計量範囲 0 ～1 kg,
最小表示 1 g と書かれている．先ほどと同じように鶏卵を載せると，重量は
63 g と表示された（**図 2.1b**）．この秤は読み取った測定値の小数点以下を表示
しないため，小数第一位で四捨五入して 1 の位を表示していると考えられる．
また，デジタルスケールには目視による誤差はないので，この鶏卵の真の重量
w の範囲は 62.5 ≦ w < 63.5 であり，測定値 63 とは± 0.5 の誤差があると考え
られる．

　測定機器を使って測定した数値には，真の値との間に必ず誤差が含まれるが，
精度の高い機器[3] では，測定値と真の値との誤差は小さくなる．ここで大切な
ことは，使用する測定機器で得られた測定値がもつ誤差の範囲を把握しておく
ことである．測定値を評価する際，測定値に含まれる誤差がその評価に影響を
与えることがあってはならない．たとえば生命科学の分野においては，実験群
と対照群の重量を比較することが往々にしてある．その 2 群に重量差があるな
ら，当然のことであるが，その差に影響を与えないような測定誤差の小さい精
密な電子天秤を用いるべきである．

[3] 試験機関や特別な用途
などで使用する電子天秤には，
最大秤量 130 g，最小表示
0.01 mg（0.00001 g）の性能
を備えた機種もある．

2.2.3 有効数字とその扱い方

　ここで測定値について考えてみよう．先に述べた旧式アナログ表示の秤で求めた鶏卵の重量測定値は 62.6 g で，3 桁の数からなっている．最初の 2 桁の数 62 は鶏卵の真の重量値と同じで正しく，末尾の数字 6 は真の重量値の小数第二位以下を四捨五入した値であるために誤差を含んでいる．したがって重要なのは，測定値は最初の桁から最後の一つ前の桁までが正しく，最後の桁がその次の位以下を四捨五入した数からなる数値であると認識することである．そして，この最後の四捨五入した位までを**有効数字**といい，その数に含まれる小数点の位置にかかわらず，その数字の桁数だけを考慮する．旧式アナログ表示の秤で測定した鶏卵の重量測定値 62.6 g は有効数字 3 桁，デジタル表示のクッキングスケールで測定した 63 g は有効数字 2 桁である．

　次に，有効数字の桁数（有効桁数）について考えてみよう．有効数字の桁数を数えるときには 0 の取扱いに注意しなければならない．測定値の小数点以下の最後の 0 は有効数字であるが，位取りを示す 0 は有効数字ではない．これは，測定値を有効数字の桁数と 10 の指数の積に書き換えてみると理解しやすい．

- **0 ではない数字に挟まれた 0 は有効である．**
  62.5803 は有効数字 6 桁　6.25803×10^1
  2303.06 は有効数字 6 桁　2.30306×10^3
- **0 ではない数字より前に 0 があるときは，その 0 は有効ではない．**
  0.006258 は有効数字 4 桁　6.258×10^{-3}
  0.00006 は有効数字 1 桁　6×10^{-5}
  0.62580 は有効数字 5 桁　6.2580×10^{-1}
- **小数点よりも右側にある 0 は有効である．ただし，小数点よりも左側に 0 以外の数があること．**
  63.000 は有効数字 5 桁　6.3000×10^1
  63,000.000000 は有効数字 11 桁　6.3000000000×10^4
- **小数点がない数の右側にある 0 は，測定値の一部なのか，位取りの 0 なのか判別できない．**
  たとえば 62.6 g は，単位を変えて 0.0626 kg，62,600 mg，62,600,000 μg（マイクログラム）と書き換えることができる．この 62,600 や 62,600,000 という数値では，末尾の 0 まで測定値なら有効数字はそれぞれ 5 桁および 8 桁となるが，位取りの 0 なら有効数字は 3 桁となる．誤解を避けるために，通常，それぞれ 6.26×10^4 mg および 6.26×10^7 μg のように，有効数字の桁数と 10 の指数の積で表す．先に述べた，実際に精密な電子天秤で測定して 62,600 mg と表示されたなら，最後の 2 桁の 0 までが測定値で有効数字とな

る．このときは 62,600. mg と末尾に小数点を入れて表記する方法もあるが，わかりにくいので指数の積の形で 6.2600×10^4 mg とする．

これまでに述べてきた有効数字の制約を受けるのは，その末尾の数字に不確かさをもつ物理学的測定値のみである．不正確さが入り込む余地のない個数や回数などの整数値や数学における定数，たとえば計算によって求めた円周率や黄金比などは，有効数字の対象にはならない．また，実験者が最初に設定した試薬や酵素の濃度なども，当然のことながらこれに該当しない．測定値ではない任意に設定した数値であるためである．一方，アボガドロ定数や気体定数のような物理定数は，実際に測定値から求められた定数であるため，有効数字の対象となる[4]．

2.2.4　数値の丸め方

ある数値を有効数字の桁数にする際の四捨五入については，「数値を丸める」という．四捨五入の対象になる桁目の数が 5 であるときが，とくにわかりにくい．日本工業規格に記載された「数値の丸め方」（JIS Z8401, 1961）はわかりやすく書かれているので，この項では引用する．

ある数値を有効数字 n 桁に丸める場合，または小数点以下 n 桁（0 でない最高位の数字の位から数えたものとする）の数値に丸める場合には，$(n + 1)$ 桁目以下の数値を次のように整理する．
- (1) $(n + 1)$ 桁目以下の数値が n 桁目の 1 単位の 1/2 未満の場合には，切り捨てる（例 1 参照）．
- (2) $(n + 1)$ 桁目以下の数値が n 桁目の 1 単位の 1/2 を超える場合には，n 桁目を 1 単位だけ増す（例 2 参照）．
- (3) $(n + 1)$ 桁目以下の数値が n 桁目の 1 単位の 1/2 であることがわかっているか，または $(n + 1)$ 桁目以下の数値が切り捨てたものか切り上げたものかがわからない場合には，(a) または (b) のようにする．
 - (a) n 桁目の数値が 0，2，4，6，8 ならば，切り捨てる（例 3 参照）．
 - (b) n 桁目の数値が 1，3，5，7，9 ならば，n 桁目を 1 単位だけ増す（例 4 参照）．
- (4) $(n + 1)$ 桁目以下の数値が切り捨てたものか切り上げたものかわかっている場合には，(1) または (2) の方法によらなければならない（例 5 参照）．

四捨五入するとき，その前の位の数が奇数のときは切り上げ，偶数のときは切り捨てる．

備考：この丸め方は 1 段階に行わなければならない．たとえば，5.346 をこ

の方法で有効数字 2 桁に丸めれば，5.3 となる．これを 2 段階に分けて

（1 段階目）（2 段階目）

5.346　　5.35　　　　5.4

のようにしてはいけない．

例 1

- 1.23 を有効数字 2 桁に丸めれば，(1) の方法により 1.2
- 1.2344 を有効数字 3 桁に丸めれば，(1) の方法により 1.23
- 1.2344 を小数点以下 3 桁に丸めれば，(1) の方法により 1.234

例 2

- 1.26 を有効数字 2 桁に丸めれば，(2) の方法により 1.3
- 1.2501 を有効数字 2 桁に丸めれば，(2) の方法により 1.3
- 1.2967 を有効数字 3 桁に丸めれば，(2) の方法により 1.30
- 1.2967 を小数点以下 3 桁に丸めれば，(2) の方法により 1.297

例 3

- 0.105（この数値は，有効数字 3 桁目が正しく 5 であることがわかっているか，または切り捨てたものか，切り上げたものかがわからないとする）を有効数字 2 桁に丸めれば，(3)(a) の方法により 0.10
- 1.450（この数値は，有効数字 3 桁目以下が正しく有効数字 2 桁目の 1 単位の 1/2 であることがわかっているか，または切り捨てたものか，切り上げたものかがわからないとする）を有効数字 2 桁に丸めれば，(3)(a) の方法により 1.4
- 1.25（この数値は，有効数字 3 桁目が正しく 5 であることがわかっているか，または切り捨てたものか，切り上げたものかがわからないとする）を有効数字 2 桁に丸めれば，(3)(a) の方法により 1.2
- 0.0625（この数値は，小数点以下 4 桁目が正しく 5 であることがわかっているか，または切り捨てたものか，切り上げたものかがわからないとする）を小数点以下 3 桁に丸めれば，(3)(a) の方法により 0.062

例 4

- 0.0955（この数値は，有効数字 3 桁目が正しく 5 であることがわかっているか，または切り捨てたものか，切り上げたものかがわからないとする）を有効数字 2 桁に丸めれば，(3)(b) の方法により 0.096
- 1.350（この数値は，有効数字 3 桁目以下が正しく有効数字 2 桁目の 1 単位の 1/2 であることがわかっているか，または切り捨てたものか，切り上げたものかがわからないとする）を有効数字 2 桁に丸めれば，(3)(b) の方法により 1.4

- 1.15（この数値は，有効数字3桁目が正しく5であることがわかっているか，または切り捨てたものか，切り上げたものかがわからないとする）を有効数字2桁に丸めれば，(3)(b)の方法により1.2

- 0.095（この数値は，小数点以下3桁目が正しく5であることがわかっているか，または切り捨てたものか，切り上げたものかがわからないとする）を小数点以下2桁に丸めれば，(3)(b)の方法により0.10

例5

- 2.35（この数値は，たとえば，2.347を切り上げたものであることがわかっているとする）を有効数字2桁に丸めれば，(1)の方法により2.3

---

column　タンパク質の定量には乾燥重量法が最も正確

私たちの体内に存在する多くの酵素類はタンパク質から構成されており（例外として，リボザイムのように触媒作用をもつRNAも存在する），生体内できわめて重要な働きを担う機能性高分子である.

生化学の分野では酵素の特性評価（至適pH，至適温度，基質特異性と速度パラメータの決定，結晶構造の解析など）を行うために，酵素を生体試料から抽出・精製する必要がある. 試料から得られた抽出液を塩析によって大まかに分画し，酵素活性を含む画分を異なる原理の液体クロマトグラフィー（イオン交換，アフィニティー，吸着，ゲル沪過など）を用いて夾雑タンパク質を除去しながら，目的酵素を精製する. 各精製段階で酵素活性とタンパク質濃度を測定し，その比活性（酵素活性/タンパク質重量）を決定する. 精製度の上昇とともに比活性も増加する. 酵素タンパク質の純度の確認は通常，SDS電気泳動法によって行われる. 酵素タンパク質が一本鎖のポリペプチド（一般的にアミノ酸50個以下で分子量5000以下のものをポリペプチド，それ以上のものをタンパク質と呼ぶ）であれば，SDS電気泳動で単一のバンドを示す.

タンパク質の測定には複数の方法があるが，それぞれ一長一短ある. 通常，ウシの血清アルブミンを標準タンパク質として用いる. 感度は劣るが，精製段階，とくにクロマトグラフィーの画分については，試料溶液の280nmにおける吸光度を測定する方法が最も簡単で，試料も回収できるためによく用いられる. この方法の原理は，タンパク質を構成するチロシンとトリプトファンが紫外部で吸収を示すことに基づいている. タンパク質に含まれるチロシンとトリプトファンの割合はすべてのタンパク質で固有であるため，精製タンパク質の280nmにおける吸光係数（1%濃度のタンパク質溶液あたりの吸光度. ウシ血清アルブミンでは6.8）を決定しておくと，吸光度を測定するだけで濃度を決定して試料を回収できる利点がある.

ローリー法は生化学や酵素化学の分野で最も用いられている方法であり，タンパク質をアルカリ銅試薬およびフェノール試薬と反応させることによって，芳香族系アミノ酸（チロシンとトリプトファン）とシステインを発色させる. 感度は紫外部吸収法の10倍程度よいが，測定する際に時間がかかること，試料が回収できないこと，タンパク質濃度の上昇とともに検量線の直線性がなくなることなどが欠点である. 通常，タンパク質濃度の決定に用いられている.

乾燥重量測定法は，文字通り乾燥した重量を測定する方法であり，この方法が最も正確と考えられている. ただし，精製タンパク質から夾雑物の緩衝液成分と水分を完全に除去すること，秤量に足りる十分量のタンパク質を必要とすること（タンパク質が多いほど正確な値を得られる. 秤の精度を考慮すると，少なくとも10mgは必要になるだろう）が条件である. 学生のみなさんは10mg（0.01g）をきわめて微量と感じるかもしれないが，自分で酵素活性を測定してみると，わずか1mgの酵素がどれだけ大量の基質を触媒するかを実感できるだろう.

- 2.45（この数値は，たとえば，2.452 を切り捨てたものであることがわかっているとする）を有効数字 2 桁に丸めれば，(2) の方法により 2.5
- 4.185（この数値は，たとえば，4.1852 を切り捨てたものであることがわかっているとする）を小数点以下 2 桁に丸めれば，(2) の方法により 4.19

▶ 2.3 測定値の計算

2.3.1 計算結果での有効数字の扱い方

　測定値から算出した数値は，最後に有効数字で丸めるが，3 個以上の数値を用いるときは，計算の途中で丸めずに最後に丸めるようにする．これは丸めるたびに誤差が大きくなるからである．たとえば，実測したある距離を自動車で走行したときの時間を測定し，その速度で任意に設定した距離を走行するときの速度と時間を求めるという設問では，求める時間は，丸めた速度を使わずに全計算を一度に行った後に丸める（任意に設定した距離は有効数字の制限を受けないことにも注意）．また加減・乗除が混在する計算では，加減と乗除を分けて計算し，それぞれについて有効数字を決定してから次の計算に進む．

2.3.2 乗除の計算

　一例として長方形の面積を求めてみよう．長方形の縦と横を物差しで測定したところ，縦は 2.86 cm，横は 4.32 cm だった．この長方形の面積は縦×横で求められるので，これを計算すると，$2.86 \times 4.32 = 12.3552$ となる．すでに述べたように，測定した縦および横の数値の末尾には誤差が含まれている．そこで，計算した数値に含まれる誤差について考えてみよう．

　$2.86 \times 4.32 = 12.3552$ を筆算で計算すると，次に示すようになる．

$$
\begin{array}{r}
2.8\,6 \\
\times\ 4.3\,2 \\
\hline
5\,7\,2 \\
8\,5\,8 \\
1\,1\,4\,4 \\
\hline
1\,2.3\,5\,5\,2
\end{array}
$$

計算結果は 12.3552 となるが，赤で示した数は 2.86 と 4.32 それぞれの数値における誤差を含む部分であるため，赤で示した小数第一位以下の 3552 は，2.86 および 4.32 の末尾の誤差を含む数の影響を受けている．誤差が含まれている数をどれだけ並べても意味がないので，4 桁目の小数第二位を四捨五入して 12.4 とする．

　再度繰り返すが，有効数字の最後の位は不確かな数が入っている．言い換え

ると，最後の桁には誤差が入っているということを覚えておいてほしい．

　乗除の計算では，計算値に用いた数値の最小桁数に合わせて有効数字を決定する．

2.3.3　加減の計算

　一例として，A，B，Cの3点があり，ABC間の距離を測定することにする．AB間の距離をXさんに，BC間の距離をYさんに測定してもらったところ，それぞれ 78.6 cm と 231 cm だった．ABC間の距離の和を求めてみよう．

　78.6 + 231 = 309.6 となり，両者はともに3桁の数値であるが，78.6 は小数第一位まで測定されているのに対して，231 は 1 の位までの測定にとどまっている．

　面積や速度などを求める乗除の計算とは異なり，加減の計算は同一単位の測定値間で行うため，測定値の誤差を含む末位の位置が重要となる．誤差を含む位は，78.6 では末位の 6 が小数第一位であるのに対し，231 では 1 の位にある．したがって計算値 309.6 の小数第一位以下の数は，両数値を加えた時点で，有効数字の不確かさをもつ末尾の位が 1 の位に移動する．したがって，小数第一位を四捨五入して 310 cm となる．

　さて，有効桁数 3 桁の測定値 78.6 cm と 34.4 cm の和を求めると，78.6 + 34.4 = 113 となる．ただし，それぞれ小数第一位までが有効数字なので 113.0 となり，有効桁数は 3 桁から 4 桁に増加する．

　他方，減算においては，有効数字の桁数の減少，すなわち有効数字の喪失（桁落ちともいう）が起こりうる．たとえば，四角形 ABCD において AB，BC，CD，DA の長さがそれぞれ 73.6，231.5，47.3，252.4 cm だったとする．このとき，Aから B を経て C に至る距離と，A から D を経て C に至る距離を比較して，その差を求めてみよう．ABC の距離は 73.6 + 231.5 = 305.1 で，もう一方の ADC の距離は 252.4 + 47.3 = 299.7 となる．そこで両方の差は，計算式から (73.6 + 231.5) − (252.4 + 47.3) = 305.1 − 299.7 = 5.4 cm となり，有効数字の桁数は 2 桁に減少する．

　このように加減の計算では有効数字の桁数が増加または減少することがあるので，注意しなければならない．加減の計算では，乗除の計算で行ったように，用いた数値の有効数字の最小桁数に合わせるのではなく，各数値の中の最大末位に合わせて有効数字を決定する．また，有効数字の桁数が増減することがあるので気をつけよう．

練習問題

1. 指数の計算問題を解きなさい.

    a. $10^3 \times 10^2 \times 10^5 \times 10^3$

    b. $10^4 \div 10^5 \times 10^3 \div 10^2 \times 10^3$

    c. $10^{-2} \div 10^4 \times 10^{-5} \div 10^{-1} \times 10^{-4}$

    d. $(10^3)^3 \times (10^2)^6 \div (10^3)^4$

2. 次の数を指数の積で表しなさい.

    a. 230,000,000,000

    b. 0.000 000 000 010 7

    c. 167,002,000

    d. 0.000 002 004 003

3. 加減・乗除の計算問題を解きなさい. 有効数字の桁数に注意して計算しなさい.

    a. $2.36 \times 42.85 \times 0.23$

    b. $0.3545 \times 1.214 \div 0.0201 \times 0.300$

    c. $895 \times 2.456 + 1.234 \times 0.3345 - 26.40 \times 1.250$

    d. $(2.40 \times 1.2 + 8.02 \div 1.20) \times 2.22$

4. AさんとBさんに頼んで 10% の食塩水を 200 g つくってもらうことにした. Aさんには水を, Bさんには食塩の重さを測ってもらった. できあがった食塩水について, 秤量した水と食塩の重量を2人に尋ねたところ, Aさんは最小目盛り 1 g・最大 2 kg の上皿天秤を使って 182 g を, Bさんは精密電子天秤を使って 20.07 g を, それぞれ秤量したと話してくれた. 2人が調製した食塩水の濃度を求めなさい.

5. 70.0% 硫酸の密度を 1.62 g/mL として, この硫酸のモル濃度を求めなさい. この際, 小数第一位で丸めなさい. また, この 70% 硫酸で希硫酸を調製するために, 上皿天秤にビーカーを載せて適当量を入れて秤量したところ, 5.83 g だった. これに水を加えて 1 L にしたときの希硫酸のモル濃度を求めなさい. なお, 硫酸のモル質量は 98.1 g とする.

6. 天然の鉄には4種類の安定同位体, すなわち ^{54}Fe, ^{56}Fe, ^{57}Fe, ^{58}Fe の存在が知られており, その同位体質量数と存在比率は, それぞれ 53.94 と 5.845%, 55.93 と 91.754%, 56.94 と 2.119%, 57.93 と 0.282% である. これらをもとにして, 天然に存在する鉄の原子の質量数を求めなさい.

▶ 3.1　物質とエネルギーとは

　アルベルト・アインシュタイン（1879〜1955 年）は 1905 年の論文「物体の慣性はその物質が含むエネルギーに依存するのか？（Ist die Trägheit eines Körpers von seinem Energieinhalt abhängig?）」に次の式を記した.

$$E = mc^2$$

いわゆる**特殊相対性理論**の帰結である. 世の中で最も有名な式（法則）の一つだろう. ここで E はエネルギー, m は質量, c は光の速度（約 30 万 km/s）である.

　この式によれば, 1 g の物質（たとえば 1 円玉）がすべてエネルギーに変化すると（この「すべて」というのが現代科学では不可能）, 約 90 兆 J（ジュール）になる. これはどのくらいの電気量だろうか. 一般家庭の年間電気消費量を 3650 万 kJ/年とすれば,

　90 兆/36,500,000,000 ≒ 2465（年）

分にもなる.

　この式には「物質はエネルギーに, エネルギーは物質に変化することができる」という意味もある. それでは, 物質とは, エネルギーとは何だろうか. それぞれ次のように定義される.

　　物質（matter）：質量があるもの, 空間を占めるもの
　　エネルギー（energy）：仕事をする能力

　私たちは, エネルギーを目で見ることはできないが, 電気的, 機械的, 化学

的に理解することはできる.

3.1.1 質量保存則とエネルギー保存則

図3.1 に示すように, フラスコにはクロム酸カリウム（K_2CrO_4）が, 試験管には硝酸鉛〔$Pb(NO_3)_2$〕が入った系があるとしよう. これをひっくり返して両者を反応させると, クロム酸鉛（$PbCrO_4$, 沈殿）と硝酸カリウム（KNO_3）の混合液（懸濁液）ができる.

$$K_2CrO_4 + Pb(NO_3)_2 \longrightarrow PbCrO_4 + 2KNO_3$$

物質としては化学反応により別のものが生成されたにもかかわらず, 全体の重さには変化が見られない. これは「物質は生み出されることも, なくなることもない. 単に別の形に変化したに過ぎない」という, フランスの化学者ラボワジエが提唱した**質量保存則**である.

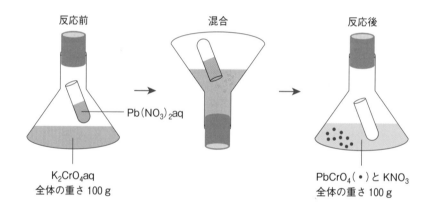

図3.1 クロム酸カリウムと硝酸鉛の反応

熱力学の第一法則である**エネルギー保存則**については8章で詳しく述べるが, 端的にいえば「エネルギーは生み出されることも, なくなることもない. 単に別の形に変化したに過ぎない」ということである.

3.1.2 位置エネルギーと運動エネルギー

1 kg の鉄球を高さ1 m と 10 m の場所に, それぞれ静置したとしよう. どちらがエネルギーをたくさんもっているだろうか. その答えは, 両者を落としてみればわかる. 高さ 10 m に置いた鉄球のエネルギーが多いことは想像できるだろう.

それでは, このエネルギーはどこから来たのだろうか. 二つの鉄球をそれぞれの高さに設置するためには**仕事**が必要になる. この仕事が**位置エネルギー**

（potential energy）として鉄球に蓄えられたのである．そして鉄球を落下させると，高さが低くなるぶん，位置エネルギーは減少する．ただし，失われた位置エネルギーは，**運動エネルギー**（kinetic energy）へと変換される．

具体的に，上の二つの鉄球は，どれくらいの位置エネルギーをもっているのだろうか．計算してみよう．

図3.2（a）に示すように，物体の重量 m kg を高さ h m に設置する．ここで位置エネルギーは U で表される．重力加速度を $g(9.8 \, \text{m/s}^2)$ とすると，次の式が成り立つ．

$$U = mgh \, [\text{J}]$$

この式の単位は J なので，位置エネルギーが仕事（運動エネルギー）にもなることを表している．

重さ 1 kg の鉄球が高さ 1 m に置かれた場合，

$$U_{1\text{m}} = 1 \, \text{kg} \times 9.8 \, \text{m/s}^2 \times 1 \, \text{m} = 9.8 \, \text{kg·m}^2/\text{s}^2$$

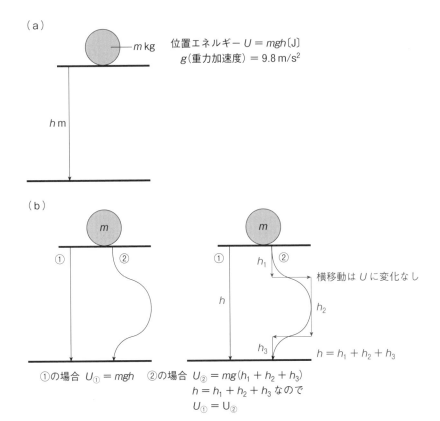

図 3.2 **位置エネルギー U**
位置エネルギーは経路に依存しない．

$1\,\mathrm{J} = 1\,\mathrm{kg \cdot m^2/s^2}$ なので

$$U_{1\,\mathrm{m}} = 9.8\,\mathrm{J}$$

高さ $10\,\mathrm{m}$ の場合は $U_{10\,\mathrm{m}} = 98\,\mathrm{J}$ となる．ちなみに U は，図 3.2（b）に示すように**状態関数**的に決まり（8章で詳述する），どの経路を経ても変わることはない．

以上に説明した位置エネルギーから運動エネルギーへの変換は，水力発電などに応用されている．

▶ 3.2 物質の分類

3.2.1 物質の状態

物質は，固体，液体，気体という三つの状態のいずれかで存在している．

- **固体**（solid）：定形と体積を保持する．固体内の分子は強く結合している．通常は，規則正しく対称性のある構造〔**結晶**（crystal）状態〕をとる．ガラスなどのように構成原子が不規則な場合（**アモルファス**状態）もある．
- **液体**（liquid）：定形をもたず，それが入った容器の形をとる．分子同士は密着しているが，強い結合ではなく，位置は固定されていない．
- **気体**（gas）：定形も一定の体積も保持しない．容器内を自由に行き来し，分子間距離は，固体や液体と比較して，はるかに離れている．

近年では，第4の状態として**プラズマ**（原子が電気を帯びている状態），第5の状態として**超臨界**（液体と気体の中間）も挙げられている．

どの状態であれ，物質には**化学的性質**と**物理的性質**がある．化学的性質とは，物質Aと物質Bが存在すると，反応して性質の異なる物質Cに変化しようとすることである．物理的性質には，色，重さ，硬さ，沸点，融点などがある．

3.2.2 元　素

物理的・化学的手法でそれ以上異なる物質に分解できないものを**元素**（element）という．これまでに 118 種類の元素の存在が確認されている．とくに 113 番元素は，日本の研究者グループによって発見され，2016 年に「ニホニウム（Nh）」と名づけられた．

元素は，金属元素，非金属元素，半金属元素に大別される．

- **金属元素**：そのほとんどが光沢をもち，導電性で，熱伝導率が高い．**重金属**〔鉄（$_{26}$Fe），コバルト（$_{27}$Co），カドミウム（$_{48}$Cd），水銀（$_{80}$Hg）など〕と，密

度 $4\,\mathrm{g/cm^3}$ 以下の**軽金属**〔ナトリウム（$_{11}$Na），マグネシウム（$_{12}$Mg）など〕に分類される．

- **非金属元素**：金属元素の特性を示さない．窒素（$_{7}$N），ネオン（$_{10}$Ne），ラドン（$_{86}$Rn）などがある．
- **半金属元素**：金属元素と非金属元素の両方の性質をもつ．ホウ素（$_{5}$B），ケイ素（$_{14}$Si），ゲルマニウム（$_{32}$Ge）などがある．

3.2.3 原 子

ある元素からなる物質を分割していったとしよう．それまでもっていた性質を失う手前の小さな粒子まで分割する．それを**原子**（atom）という．原子は，元素の性質を失わない最小の粒子といえる．

3.2.4 元素と原子の違い

元素とは原子の種類であり，原子とは**同位体**[*1]も含めたものである．つまり，図3.3に示すように，原子にはいくつかの種類（同位体）が存在する．異なる同位体は物理的性質も異なる．一方，元素は，複数の同位体をまとめたものである．つまり，陽子数が同じものを一くくりにしたもので，化学的性質（反応に携われる最小単位）は同じである．

*1 （化学的特性の）原子番号が同じで，（物理的特性の）原子量が違う物質．4章4.2節参照．

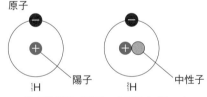

図3.3 原子の種類と構造

3.2.5 単 体

1種類の元素からなる物質を**単体**（elementary substance）という．わかりやすいのは水素（H_2）である．単体は結晶の場合もある．たとえば金（Au）は，Au原子が連なった単体の結晶である．Au$_n$とは記述しない（図3.4）．

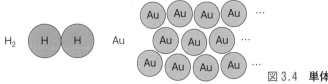

図3.4 単体の例——水素と金

3.2.6 化 合 物

　二つ以上の元素が決まった質量比で化学的に結合している物質を**化合物**（compound）という．化合物における**定比例の法則**は，1799年，フランスの化学者ジョゼフ・ルイ・プルーストが提唱した．たとえば水分子（H_2O）では，水素と酸素の質量比は常に11.18%と88.82%で一定である（**図3.5**）．

＊2　小数点3桁以下まで質量を表す場合を精密質量（exact mass）という．

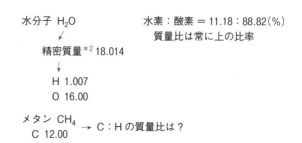

水分子 H_2O　　　水素：酸素 ＝ 11.18：88.82(%)
　　↓　　　　　　　　質量比は常に上の比率
精密質量*2 18.014
　　↓
H 1.007
O 16.00

メタン CH_4　→ C：Hの質量比は？
C 12.00

図3.5　定比例の法則

　化合物が示す性質については，構成する元素の性質とは必ずしも一致しない．H_2O は液体であるが，H_2 と O_2 は気体である．2種類以上の元素が反応した化合物は，元の元素とは違う新しい特性をもつ．

3.2.7 分　子

　化合物である塩化ナトリウム（NaCl）の塊を細かく分割していくとしよう．最後には，それ以上分割すると塩化ナトリウムの性質が失われる小さな粒子になる．この「化合物の性質をもつ最小構成物質」を**分子**と呼ぶ．

　分子は2個以上の原子からなり，原子が同じ種類の場合と異なる種類の場合がある（**図3.6**）．定比例の法則は，質量比以外に，数のうえでも一定の割合で結合することを意味している．たとえば，水分子は常に，2個の水素原子と1個の酸素原子からなる．

水分子　　　塩化ナトリウム分子　　　ヨウ素分子

図3.6　分子の例

3.2.8 表記の種類

　化学記号について，水素は H，酸素は O，ヘリウムは He などなじみ深いだろう．カタカナ表記でも，漢字由来のリンは P，ヒ素は As など，日本語の発

音と異なるものもある．また，ドイツ語由来のカリウム（K）とナトリウム
（Na）は，英語ではそれぞれ potassium（ポタシウム），sodium（ソディウム）
である．研究室の試薬棚で塩化カリウム（potassium chloride）と塩化ナトリ
ウム（sodium chloride）[*3] は，それぞれ「P」と「S」の棚に置かれる．

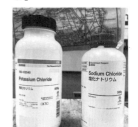

*3

エタノールを**化学式**（chemical formula）で表すと，一般的に見かける表記
は C_2H_5OH だろう．炭素原子 2 個，水素原子 6 個，酸素原子 1 個から構成され
ている．

ここで，**示性式**（rational formula）と**組成式**（composition formula）という
表記法も覚えておこう．同じエタノールを表記する場合も，示性式では
C_2H_5OH，組成式では C_2H_6O となる．エタン（C_2H_6）の水素原子 1 個がヒドロ
キシ基（$-OH$）に置換され，アルコールの性質を示すものがエタノールであ
るから，その物質の性質を示す式を示性式と呼ぶ．一方，物質がどのくらいの
個数の原子で構成されているのかを示す式を組成式と呼ぶ．

3.2.9 アボガドロ数

さまざまな原子（または元素）の相対的な質量（**相対質量**）を理解するには，
原子 1 個を秤量できる天秤が必要になる．それは現実には存在しないが，仮に
あったとしよう．水素 12 個と炭素 1 個が釣り合ったので，炭素の相対質量は
12 となる．

現代化学では炭素（12.00）を基準と定めているが，以前は水素（1.00）を基
準としていた．厳密には水素の質量は 1.007 なので，炭素 1 個と水素 11.917 個
が相対的には質量が同じである．

相対質量は**原子量**（atomic weight）とも呼ぶ．他に，**グラム原子量**というも
のを考えてみよう．リチウム（Li）の原子量は 6.9 なので，Li のグラム原子量
は 6.9 g となり，同様に金（Au）なら 197 g，炭素なら 12 g となる．

このとき原子の数については，Li 6.9 g と金 197 g と炭素 12 g で同様である．
これは，イタリアの物理学者であり化学者のアメデオ・アボガドロによって
「どの元素の 1 グラム原子量も，他の元素の 1 グラム原子量と同じ数の原子が
存在し，その数は 6.02×10^{23} 個である」と提唱された．アボガドロの論文発
表は 1811 年だったが，化学界でこれが正式に**アボガドロ数**（N_A）と認められ
たのは，彼の死後の 1860 年である．

それでは，本当にどんな元素でも，それらのグラム原子量には 6.02×10^{23}
個の原子が含まれているのだろうか．以下に考えてみよう．

原子を構成しているのは，**陽子**，**中性子**，**電子**である．これらは物質である
から，それぞれに質量がある．

陽子：$1.67262 \times 10^{-24}\,\mathrm{g}$

中性子：$1.67493 \times 10^{-24}\,\mathrm{g}$（陽子とほぼ同じ）

電子：$9.10939 \times 10^{-28}\,\mathrm{g}$

電子は陽子や中性子に比べて軽いので，無視できる．

図 3.7 に示すように，水素（H）もヘリウム（He）もアボガドロ数個存在すると，それぞれのグラム原子量になる．

P 陽子　　e 電子　　N 中性子

${}^{1}_{1}$H 原子

${}^{4}_{2}$He 原子

$1.67262 \times 10^{-24} \times 6.02 \times 10^{23}$
$= 1.007\,\mathrm{g}\cdot\mathrm{mol}^{-1}{}^{*}$

$1.67262 \times 10^{-24} \times 2 \times 6.02 \times 10^{23}$
$+ 1.67493 \times 10^{-24} \times 2 \times 6.02 \times 10^{23}$
$= 4.030\,\mathrm{g}\cdot\mathrm{mol}^{-1}{}^{*}$

図 3.7　水素原子とヘリウム原子の構造

＊ ${}^{1}_{1}$H の値は精密質量で，周期表の原子量（1.008）とほぼ一致する．しかし ${}^{4}_{2}$He の精密質量は周期表の原子量（4.003）とは異なる．これは，陽子と中性子がある場合，質量欠損という現象が起こり，質量が減少するからである（1% 以内）．

原子または分子を 6.02×10^{23} 個集めた数は，1 mol（モル）と表される．そこで次のようになる．

{陽子数（g）＋中性子数（g）}$\times N_{\mathrm{A}} = 1\,\mathrm{mol}$ あたりの質量（g）

1 mol ＝ 6.02×10^{23} 個という数値がどれほど途方もないものか考えてみよう．1 mol の 1 円玉があるとする．それは 602,000,000,000,000,000,000,000 円となり，6020 垓（がい）円とも表される（1 垓 ＝ 10^{20}）．これを日本の人口で割ると

$$\frac{602,000,000,000,000,000,000,000}{120,000,000} = 501,666,666,666,666.7$$

つまり，1 mol の 1 円玉を日本国民（1 億 2000 万人）に平等に分けたとすると，1 人あたり約 501 兆円受けとることになる．これは，1 日に 1000 万円使ったとしても，13 万年強かかる金額である．

今後，研究をするときに，μmol（マイクロモル）や amol（アトモル）などの単位を用いることがあるだろう．μ は 1.0×10^{-6}，a は 1.0×10^{-18} である．1 amol は，アボガドロ数的には 6.02×10^{5} 個（約 60 万個）であるから，薬包紙の上には原子または分子がまだまだ多く存在していると想像できるだろう．

例題 1

酸素 48 g は何 mol か.

【解答】

y(酸素のモル数) $=$ g $\times$ (酸素のモル数/g)

酸素 1 mol は 16 g なので

y mol $= 48$ g $\times (1$ mol/16 g)

$\qquad = 3$ mol

例題 2

0.2 mol の塩化ナトリウム(NaCl)は何 g か.

【解答】

y g $=$ (NaCl のモル数) $\times$ (g/NaCl のモル数)

NaCl 1 mol は 58.44 g なので

y g $= 0.2$ mol $\times (58.44$ g/1 mol)

$\qquad = 11.7$ g

▶ 3.3 実験式と分子量

3.3.1 実験式──組成百分率から化学式を決める

世の中には数多くの化学物質が存在する.新しい化合物を発見・合成した場合,その特性を決定するには,まず**実験式**(empirical formula)を求める必要がある.

メタンの実験式は CH_4 である.下付きの数字は,メタン分子中に存在する炭素と水素の個数の比が 1:4 であることを表す.下付き数字がない場合,それは 1 ということである.

$\qquad C_1H_4$　←Cの1は表記しない.

実験式を求めるには,① 化合物中のそれぞれの元素の重量百分率を算出し,② 化合物 100 g(便宜的なもので,1 g でも何でもよい)中の各元素のモル数を計算し,③ それらのモル比(整数比に換算する)を決定する.

たとえば,炭素が 74.87%,水素が 25.13% の重量百分率をもつ化合物があり,その実験式を決定しなさいといわれたとしよう.これは C_xH_y の x と y を求めることである.

化合物が 100 g 存在するとしよう.その化合物の内訳は,炭素 74.87 g,水素 25.13 g になる.これらのモル数は

$$x \, \text{mol} = 74.87 \, \text{g} \times (\text{炭素 1 mol}/12.00 \, \text{g})$$
$$= 6.23 \, \text{mol}$$
$$y \, \text{mol} = 25.13 \, \text{g} \times (\text{水素 1 mol}/1.007 \, \text{g})$$
$$= 24.95 \, \text{mol}$$
$$C_x H_y = C_{6.23} H_{24.95}$$

整数比に直すと

$$C_{6.23/6.23} H_{24.95/6.23} = CH_4$$

この化合物がメタンであることもわかる.

　最終の算出値が整数にならない場合もある. 整数からのずれが 0.1 のときは, 最も近い整数比に直してよい. 0.1 以上ずれている場合は, 適した整数比になる因数を求める必要がある.

　たとえば, 鉄 (Fe) 69.9％, 酸素 30.1％ の組成をもつ化合物 ($Fe_x O_y$) を考えよう. 試料 100 g 中には鉄が 69.9 g, 酸素が 30.1 g 含まれているから,

$$x \, \text{mol} = 69.9 \, \text{g} \times (\text{鉄 1 mol}/55.84 \, \text{g})$$
$$= 1.25 \, \text{mol}$$
$$y \, \text{mol} = 30.1 \, \text{g} \times (\text{酸素 1 mol}/15.99 \, \text{g})$$
$$= 1.88 \, \text{mol}$$
$$Fe_x O_y = Fe_{1.25} O_{1.88}$$

整数比に直そうとすると

$$Fe_{1.25/1.25} O_{1.88/1.25} = FeO_{1.5}$$

(1.5 を切り上げたり, 四捨五入をしてはならない)

Fe と O のどちらも整数になるような因数を見つける必要がある. この場合は両方の値を 2 倍すればよいので, 求める実験式は $Fe_2 O_3$ で, 酸化鉄 (Ⅲ) であることがわかる.

---

column　Publish or Perish (論文を書かないなら消えなさい)

　仕事には義務があり, それを果たすことで対価を得られる. 火を消さない消防士がいたら困るし, 授業をしない教師がいたらびっくりする. それでは, 科学者の義務とは何だろうか.

　Publish or Perish は, 科学者なら誰でも知っているフレーズである. 「論文を書かないなら消えなさい」, つまり科学者の使命は, 研究をして論文という形で世の中に発表することである.

　みなさんもこの先, 卒業研究で論文を書くときがくるだろう. せっかく 1 年間かけてエビデンスを集め, 一つの発見や結論が出るのだから, きちんと論文にまとめ, 世の中に発表してはどうだろうか. また, 研究室選びの判断基準として, あの先生は面白いからではなく, あの先生はこんな論文を書いているから行ってみようと考えるのも, 選択の幅が広がるだろう.

3.3.2 分 子 量

　ある化合物を構成している原子の原子量の総和を**分子量**（molecular weight）という．この値は実験に頻繁に使われるもので，試薬の調製には欠かせないので，間違わずに理解したい．

　たとえば，脳内ホルモンであるドーパミンの分子式は$C_8H_{11}NO_2$で，炭素原子8個，水素原子11個，窒素原子1個，酸素原子2個からなる．原子量が炭素12.0，水素1.0，窒素14.0，酸素16.0とすると

$$(12.0 \times 8) + (1.0 \times 11) + (14.0 \times 1) + (16.0 \times 2) = 153$$

となる．

　各原子の原子量は，周期表を見れば記載してあるので，記憶する必要はない．また，試薬のラベルにはたいてい，分子量は記載してある．

　ただし，化合物が塩酸塩や水和物になっている場合は，秤量に注意が必要である．たとえば，ドーパミンは塩酸塩のかたちで販売されることが多い．研究室に塩酸塩のドーパミンがあった場合，その分子量は153ではない．塩酸分を追加した189の分子量で秤量しないと，濃度計算を間違うことになる（**図3.8**）．

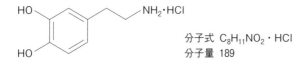

分子式　$C_8H_{11}NO_2 \cdot HCl$
分子量　189

図3.8　ドーパミン塩酸塩の構造式

　たとえば，リン酸水素二ナトリウム（Na_2HPO_4）には無水物と水和物の2種類がある．それぞれの分子量は

　　無水物の場合，$Na_2HPO_4 = 142$
　　二水和物の場合，$Na_2HPO_4 \cdot 2H_2O = 178$

ここで両者から，0.1 molのリン酸水素二ナトリウムを秤量すると，それぞれ何gになるだろうか．

　　無水物の場合，142 g/mol × 0.1 mol ＝ 14.2 g
　　二水和物の場合，178 g/mol × 0.1 mol ＝ 17.8 g

となる．リン酸水素二ナトリウム・二水和物を使い，Na_2HPO_4だけの分子量を用いると，目的の濃度にはならない．どの試薬を使っているのかを，きちんと把握しておくことが大切である．

　あまり用いられないが，**グラム分子量**という考え方は興味深い．これは，あ

る化合物を 6.02×10^{23} 個集めたときの重量である．1 mol の重さともいえる．たとえば，水（H_2O）が 6.02×10^{23} 個集まるとグラム分子量は 18 g と表される．もし 180 mL の水を飲んだら，それは，6.02×10^{24} 個という途方もない数の水分子を体内へ入れたことになる．

練習問題

1. 研究中に抗ウイルス薬（ウイルスに効く薬）を発見したとする．この薬が真に使用できるものか証明するためには，どのような科学的方法を用いればよいか．

2. 次の現象は，光，化学的，電気的，機械的エネルギーのうち，どれからどれへの変換に該当するか．
   a. 光合成によるブドウ糖の産生
   b. 筋肉の伸縮
   c. 蒸気機関車の走行
   d. 風車によるモーターの回転
   e. 好きな相手へ告白するときの激しい動悸

3. リチウム（^7Li）のグラム原子量は 6.941 g である．このことを証明しなさい．ただし，天然には同位体である ^7Li が 92.5%，^6Li が 7.5% 存在する．

4. 塩化カリウム（KCl）とグルコース（$C_6H_{12}O_6$）の混合物がある．分析したところ，重量比で 20% の塩素を含有していた．この混合物が 50 g あるとき，グルコースは何 g 存在するか．ただし各元素の原子量は，K 39.0，Cl 35.4，C 12.0，H 1.0，O 16.0 とする．

5. ビタミン B_6 の一種であるピリドキサールは，肝臓でピリドキサールリン酸（PLP）に変換され，口内炎や貧血，二日酔いの改善などに効果がある．市販薬としてピリドキサールリン酸水和物（$C_8H_{10}NO_6P \cdot H_2O$）がある．

ピリドキサール　　　　　　ピリドキサールリン酸(PLP)

   a. ピリドキサールリン酸水和物の分子量を答えなさい．ただし原子量は，C 12.0，H 1.00，O 16.0，N 14.0，P 30.9 とする．
   b. 1日に 1 µmol の PLP を摂取する必要がある場合，ピリドキサールリン酸水和物を何 g 摂取すればよいか．

4章
原子論と周期表

▶ 4.1 原子の構造

　私たちは，原子が原子核（陽子と中性子）と電子から構成されていることを知っている（図4.1）.

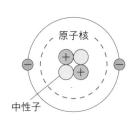

図4.1　水素とヘリウムの原子構造
陽子：プラスの電荷をもつ.
中性子：電荷はなく，陽子とほぼ同じ質量.
電子：マイナスの電荷をもつ. 質量は非常に小さい.
相対原子質量数：陽子数＋中性子数 → 物理的な特性.
原子番号：陽子数＝電子数 → 化学的な特性.

　また図4.2に示すように，元素に置き換えて表記するのが一般的である. 元素の原子番号は原子核の陽子数であり，その元素が中性（電荷をもたない状態）であるときの電子数も表している.

　原子の存在は紀元前から提唱されており（1章参照），現在では，原子間力顕微鏡や走査型プローブ顕微鏡を通して目で見ることができる（図4.3）. しかし原子核や電子については，実際に目で見たのかという問いには，現時点ではNoである.

　ドルトンの化学的原子論では，原子が一番小さい物質構成単位だった（1章参照）. その後，異なる原子はどうして性質も異なるのかという疑問がもち上がった. たとえば，金と銀，鉄とマンガンの原子では性質も質量も異なるのはどうしてだろうか.

　陰極線管を用いた実験により，陰極から陽極へ光線が生じることが観察された. どうやら，負（マイナス）に帯電した何かが物質にはあると推察された.

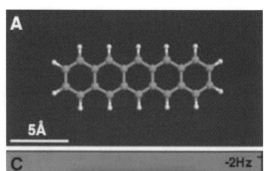

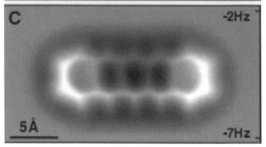

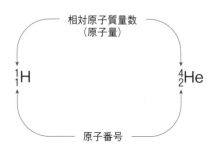

図 4.2　水素とヘリウムの表記

図 4.3　原子間力顕微鏡によるペンタセンの化学構造
L. Gross et al. *Science*, **325**, 5944（2009）より.

その後，**光電効果**（金属に紫外線を当てると粒子が飛び出す）の発見により，負に帯電した粒子は**電子**（electron）と名づけられた.

　原子が負に帯電したものだけであれば，触るたびに感電するはずである.　しかし，そうはならない.　何か正に帯電したものがあるはずである.　これがラザフォードによる金箔に α 線を照射した実験（1 章参照）と中性子の予想，その後の発見により[1]，現在の原子モデル（**図 4.1** 参照）が完成した.　正に帯電した粒子は，現在，**陽子**（proton）と呼ばれている.

▶ 4.2　同 位 体

　原子番号（化学的特性）が同じでも原子量（物理的特性）が違う場合がある.　塩素（Cl）を例に考えてみよう.

　塩素は原子番号 17，原子量 35.45 である.

$$^{35.45}_{17}\mathrm{Cl}$$

しかし，実際に塩素の質量を測定すると（質量分析，12 章参照），34.97 と 36.97 という結果が得られる.　異なる質量をもつこの 2 種類は**同位体**（isotope）と呼ばれ，どちらも塩素の化学的性質をもつ.

　天然には，34.97 の質量をもつ塩素が 75.77% 存在する.　残りの 24.23%は質量が 36.97 の塩素である.　つまり，塩素の原子量 35.45 という数値は，これら

の存在比の平均である.

$$34.97 \times 75.77/100 + 36.97 \times 24.23/100 = 35.45$$

原子量は相対原子質量とも呼ばれる.

水素（H）には，^{1}H（軽水素, protium, 質量 1.0078），^{2}H（重水素, deuterium, 質量 2.0141），^{3}H（三重水素, tritium, 質量 3.0161）という三つの同位体がある. それぞれの存在比は，99.98%，0.012%，10^{-18}%である. ^{3}H は無視できるくらい少ない. そこで水素の原子量は次のように求められる.

$$1.0078 \times 99.98/100 + 2.0141 \times 0.012/100 = 1.0079$$

さて，同位体には安定同位体と放射性同位体の2種類がある.

- **安定同位体** 放射線[*2]を出さず，半永久的に存在比が変わらない同位体.
- **放射性同位体** 放射線を出して，他の元素に変化する同位体. 構成が不安定なため，安定した原子になろうとして，放射壊変（放射崩壊ともいう）という現象を起こす.

放射性同位体には，次の二つの**放射崩壊**（radioactive decay）が重要である.

- **α 崩壊**（α decay） 陽子2個と中性子2個（ヘリウム核）とα線（放射線）を放出する. ウラン238（^{238}U）はウランの同位体の一つで，α崩壊すると，トリウム234（^{234}Th）とヘリウム原子核を生成する.

$$^{238}_{92}\text{U} \xrightarrow{\ \ \ \ \ } {}^{234}_{90}\text{Th} + {}^4_2\text{He}$$
α 線

^{234}Th も放射線崩壊（β崩壊という）し，β線を放出する.

- **β 崩壊** 中性子が電子1個を放出して陽子1個に変化し，β線（放射線）を放出する. 水素で考えてみよう. 水素は，^{1}H と ^{2}H が安定同位体で，^{3}H（トリチウム）が放射性同位体である. トリチウムは陽子1個, 中性子2個, 質量3の物質である. トリチウムがβ崩壊することで，電子1個を放出して，陽子2個と中性子1個をもつヘリウム3（ヘリウム4の安定同位体）になる.

$$^3_1\text{H} \xrightarrow{\ \ \ \ \ } {}^3_2\text{He} + \text{e}^-$$
β 線

このほか，γ線を放出するγ崩壊や中性子線を放出する中性子崩壊もあるが，ここでは割愛する.

▶ 4.3 半 減 期

放射性物質が放射性崩壊により，その物質の半分が別の核種に変化するまでの時間を**半減期**（half-life）という．放射線を出す能力も半分（1/2）になり，さらに $1/e$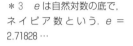になると，それが放射性同位体の寿命とされている（図4.4）．

*3 e は自然対数の底で，ネイピア数という．$e = 2.71828 \cdots$

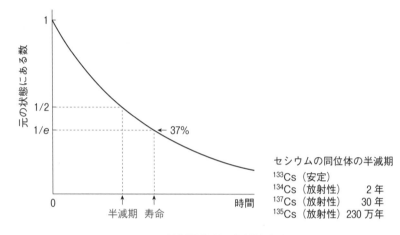

図4.4 **放射性物質の放射性崩壊**

ただし，半減期の間，放射性崩壊が一定して起こるのかというと，そうではない．たとえば，半減期が30年のセシウムは，30年間のどこかで放射性崩壊が起こり，放射線を出す能力が半分になるという意味である．今日，半分まで放射性崩壊が起こるかもしれないし，30年後に半分になるかもしれない．つまり確率を表している．この時間を平均化したものが**崩壊時間**である．

この「〜が半分になる」という考え方は，科学ではしばしば出てくる．たとえば，ある実験でグループの半数が死に至ったとする．これを**半数致死量**（lethal dose, 50％：LD_{50}）といい，この量を境に群の全滅が示唆される．

ある疾患に対する集団免疫獲得率も，50％以上（ただし，安全を見て70％以上）でパンデミックを食い止められるとされている．

▶ 4.4 スペクトル

原子の構造を明らかにしていくうえで，**スペクトル**（単数形 spectrum，複数形 spectra）という考え方が重要になる．またこれは，理科系のさまざまな分野で使われる用語である．

プリズムを用いると，太陽光はおおよそ7色（紫，青，淡青，緑，黄，橙，赤）に分かれる（ただし「分かれる」という表現は厳密ではない）．これを**可視**

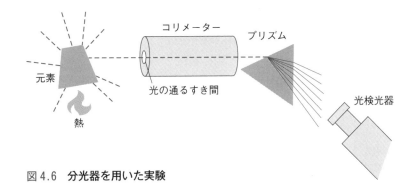

図 4.6　分光器を用いた実験

スペクトル（visible spectra）と呼び，それぞれの光は特定のエネルギーをもつことがわかっている（**図 4.5**，カバー後ろ袖参照）．

　ドイツの物理学者グスタフ・キルヒホッフ（1824～1887 年）と化学者のロバート・ブンゼン（1811～1899 年）は**分光器**（spectroscope）を開発して，各元素にエネルギー（熱）を与えてプリズムを通すと，特有の色を発していることを見出した（**図 4.6**）．この実験で，鉱石からセシウム（Cs）が発見された．その後，セシウム 133 の比振動数が国際単位（SI）の 1 秒と定義された[*4]．

　太陽光がもつスペクトルは，波長に切れ目がなく連続していることから**連続スペクトル**と呼ばれる．一方，セシウムなど固有の波長のみもつものは**線スペクトル**と呼ばれ，区別される．線スペクトルは元素固有であるから，調べたい試料にどんな元素が入っているのかを理解するのに大変有用である．また，遠い星々にどんな元素があるのかを調べることもできる．

　光は，粒子であるともいえるが，ここでは波とする．波には周期的な長さがあり，**波長**（wave length）と呼ぶ．波長が違うと，どうなるのか説明しよう．

　図 4.7には各波長とその呼び名が示されている．人間の目に見える波長の領域（**可視領域**）は，ごくわずかである．可視光で一番短い波長（約 400 nm）は紫色，一番長い波長（約 800 nm）は赤色である．紫より波長が短い領域は，**紫外**（ultraviolet: UV），**X 線**（X-ray），**γ 線**（γ-ray）と呼ばれる．赤より波長が長い領域は，**赤外**（infrared），**マイクロ波**（microwave），**短波**（shortwave），

*4　1967 年にパリで開催された第 13 回国際度量衡総会で「1 秒は，セシウム 133 原子が 91 億 9263 万 1770 回振動する時間」と定義された．

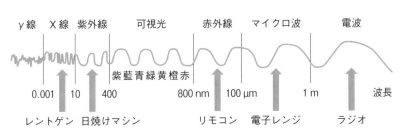

図 4.7　波長とその呼び名
光は波長の違いで性質が変わる．

長波（longwave）と呼ばれる.

図 4.7 に示したように, それぞれの波長は私たちの日常生活で利用されている（レントゲン, 電子レンジ*5, ラジオなど）.

以前は, 原子が物質の最小構成単位と考えられていたが, 現在では, 陽子, 中性子, 電子から構成されていることがわかってきた. 4.2 節で述べたように, 中性子の数の違いで, 化学的性質は同じだが, 物理的性質が異なる同位体があることもわかっている. それでは, 原子内で電子は, どこに, どのように配置されるのだろうか. どのくらいの速さで動いているのだろうか. 電子が放り出されたりすることはあるのだろうか. 次節から, これらの疑問を考えてみよう.

＊5 海外で電子レンジを使ったり, 買ったりしたいときに, 「electric range」と言っても通じないことがほとんどである. 英語では microwave oven が一般的である.

▶ 4.5 エネルギー準位

電子は原子核の周りを同心円状に回っており, その軌道は**殻**（shell）と呼ばれる. 殻は, 原子核から離れるほどエネルギー状態（準位）が大きくなる. 一定のエネルギーを与えれば, 電子は原子核から離れた次の殻へ移動することができる. そして, このエネルギーを放出すると, 元の殻へもどる. 図 4.8 にボーアの原子模型を示す.

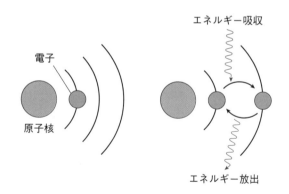

エネルギー吸収

電子

原子核

エネルギー放出

図 4.8　ボーアの原子模型

4.5.1 基底状態と励起状態

水素原子を例に考えてみよう（**図 4.9**）. 原子核の周囲を電子 1 個が回っている.

電子が次の殻へ移動する場合, 徐々にエネルギーを得ながら徐々に次の殻へ移動することはない. 電子は, 次の殻へ移るだけのエネルギーをすべて吸収して, 一気に次の殻へ移動する. これはボーアの振動数条件の式から証明できる.

$$h\nu = |E_1 - E_2|$$

h：プランク定数, ν：振動数

column　リンゴはなぜ赤く見える？

　私たちは，何もしなければ，約 400〜800 nm の可視光領域しか見えないことは本文で紹介した．それでは，見えているものに色がついているのはどうしてだろうか．赤いリンゴが赤く見えるのはなぜだろうか．

　図 4A に示すように，リンゴは，可視光（紫〜赤）のうち赤以外の波長を吸収する．残りの赤い光は，吸収されずにリンゴを反射する．その反射された赤い光だけが私たちの目に飛び込んでくるので，赤く見えるのである．これを「余った色」と書いて余色（補色）と呼ぶ．色がついて見えるのは，可視光のあるところでしか起こらない現象であることも覚えておいてほしい．真っ暗な部屋で色がついて見えないのは，そのためである．

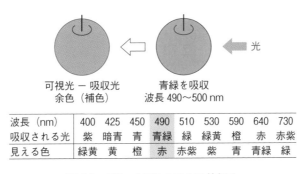

波長（nm）	400	425	450	490	510	530	590	640	730
吸収される光	紫	暗青	青	青緑	緑	緑黄	橙	赤	赤紫
見える色	緑黄	黄	橙	赤	赤紫	紫	青	青緑	緑

図 4A　リンゴが赤く見える仕組み

　半導体チップなどを作製するのに，光レジストという技術がある（**図 4B**）．この技術では紫外光を用いるので，部屋自体に紫外光があってはならない（蛍光灯からも紫外光は出ている）．そこで作製時，短い波長がカットされたイエローランプを用いる．ちなみにイエローランプ下で赤いリンゴを見ると，黒っぽく見える．黄色光がリンゴに吸収されるだけで，反射する赤い光がないからである．

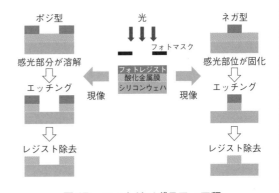

図 4B　フォトリソグラフィ工程

　E_1：変化前のエネルギー，E_2：変化後のエネルギー

　最も低いエネルギー状態の殻に電子があるときを**基底状態**（ground state）といい，その原子は安定である．もし，エネルギー準位が基底状態よりも上にあるときは，原子は**励起状態**（excited state）にあるという．最終的には，光エネルギー（熱エネルギーの場合もある）の形（$h\nu$）で放出し，基底状態にもどる．エネルギー放出の際，原子の種類によって特有の線スペクトルが観察さ

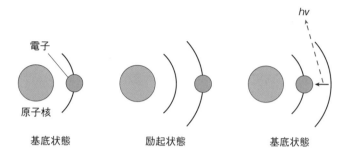

図 4.9　水素原子の電子状態

表 4.1　各エネルギー準位の理論的最大電子数

エネルギー準位		電子の最大数
アルファベット名	番号名	
K	1	2
L	2	8
M	3	18
N	4	32
O	5	50
P	6	72
Q	7	98

れる．電子が存在するエネルギー準位はアルファベットで表される（**表 4.1**）．

　なお，原子核はプラス電荷，電子はマイナス電荷をもっているにもかかわらず，両者が引き合って結合することはない．電子が円運動しているエネルギーと原子核の引力とが釣り合っている状態を維持しているからである．

　各エネルギー準位に配置できる電子の数は決まっている．原子番号 1 の水素から 18 のアルゴンまでは，各エネルギー準位が満たされてから，次のエネルギー準位が埋められていく法則に従う（**表 4.1** 参照）．アルゴンまでの結果から，原子は一番外の殻に 8 個の電子を収容して安定するように思える．これを**八隅説**（octet rule）という．しかしカリウム（$_{19}$K）からは，この法則に従わなくなる．原子番号 19 以降を含めたエネルギー準位の概略を**図 4.10** に示す．

4.5.2　副エネルギー準位

　もし電子の軌道が真円上にすべてあったら，マイナス電荷をもつ電子同士は反発し合うので，半径も大きくなり，原子核から離れていってしまう．また，原子核はプラス電荷で電子を引きつけるから，電子はできるだけ原子核に近い内側の軌道にいたいはずである．しかし実際は，K，L，M 殻の同一平面上を電子が回っているわけではなく，**副軌道**（s，p，d，f 軌道）と呼ばれる複数の

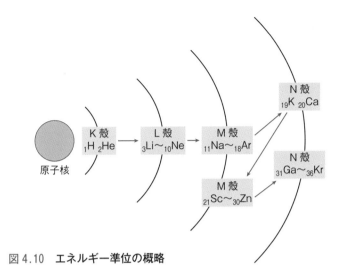

図 4.10　エネルギー準位の概略

軌道で三次元的に存在している．すぐにすべてを理解するのは大変かもしれないが，説明を始めよう．

次の式を**シュレーディンガーの波動方程式**という．

$H\Psi = E\Psi$

H：ハミルトン演算子，E：原子内部のエネルギー，$\overset{\text{プサイ}}{\Psi}$：波動関数

この式を解くことで，電子が存在する位置を確率として求められる（**図4.11**）．

ここでは，この形の**電子雲**（**オービタル**とも呼ぶ）の中に電子が存在すると考えてほしい．より詳しくは6章で説明する．今は「ここに電子がいますよ」と考えてもらいたい．

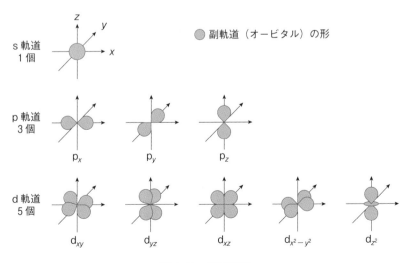

図 4.11　電子配置

　各軌道には，それぞれ2個の電子が入ることができる．この2個の電子を**電子対**という．p軌道には x, y, z 方向に p_x, p_y, p_z の三つの副軌道があり，それぞれ2個の電子が入り，合計で6個の電子が入ることができる．どの副軌道に何個の電子が存在するのかを**図4.12**に示す．

　ここで**表4.1**を見直してほしい．エネルギー準位に番号名がついている．副軌道と併せて使うときにわかりやすいので用いられる数字である．「K殻s軌道：2個」と表記するよりは，「1s軌道：2個」と表記するほうがわかりやすい．同様にL殻s軌道は2s軌道，L殻p軌道は2p軌道と表記される．

　1s軌道から3p軌道までに入れる電子は，合計で1s(2) ＋ 2s(2) ＋ 2p(6) ＋ 3s(2) ＋ 3p(6) ＝ 18個である（カッコ内が電子数）．3軌道（M殻）には，8個以降，さらに10個の電子が入ることができる．しかし実際は，19個目と20個目の二つの電子は，一つ外側の4s軌道（L殻）に入り，それぞれ $_{19}K$, $_{20}Ca$ を形成する．

　図4.12を見ると，エネルギー準位が重なっている部分がある．これを理解すれば，すでに述べた八隅説が $_{19}K$（カリウム）から適用されない理由がわかる．よく見ると，4s軌道は3d軌道よりエネルギー準位が低い．このことが，3d軌道より遠い4s軌道に先に電子が配置される理由である．まず4s軌道が2個の電子で埋まってから，3d軌道に10個の電子が配置される．同様な理由で，

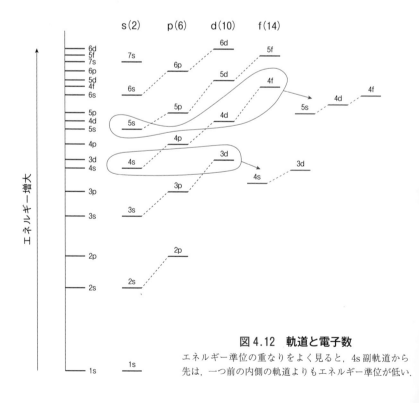

図4.12　軌道と電子数
エネルギー準位の重なりをよく見ると，4s副軌道から先は，一つ前の内側の軌道よりもエネルギー準位が低い．

4d 軌道よりも先に 5s 軌道に，4f 軌道よりも先に 5d 軌道に電子が配置される．

　原子の副準位は次のように表される．

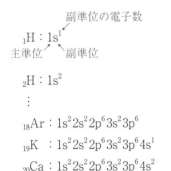

$_{1}H : 1s^{1}$

$_{2}H : 1s^{2}$

　⋮

$_{18}Ar : 1s^{2}2s^{2}2p^{6}3s^{2}3p^{6}$

$_{19}K \ : 1s^{2}2s^{2}2p^{6}3s^{2}3p^{6}4s^{1}$

$_{20}Ca : 1s^{2}2s^{2}2p^{6}3s^{2}3p^{6}4s^{2}$

$_{21}Sc : 1s^{2}2s^{2}2p^{6}3s^{2}3p^{6}4s^{2}3d$

$_{18}Ar$ の次に，$_{19}K$ と $_{20}Ca$ で 4s 軌道に電子が入った後に，$_{20}Sc$（スカンジウム）で 3d 軌道に電子が入り始めている．いくつか例外はあるが，基本的には，最低のエネルギー準位の軌道から電子が入ると覚えてよい．

　電子が移動する先は一つ上のエネルギー準位だけではない．十分なエネルギーを吸収すれば，さらに上のエネルギー準位まで移動できる．もっと多量のエネルギーを吸収すると，最後には電子が原子から離れていく．これを**イオン化**と呼ぶ．各元素でイオン化するエネルギーは異なる．基底状態にある孤立した原子から 1 個の電子をとるのに必要なエネルギーを**イオン化ポテンシャル**（ionization potential）と呼ぶ．

　（正電荷をもつ）原子核の近くにある電子よりも，遠くにある電子を引き抜くエネルギーのほうが小さい．また，水素原子から電子 1 個がなくなると陽子（proton）だけが残ることから，水素イオン（H^{+}）を**プロトン**と呼ぶ（**図 4.13**）．

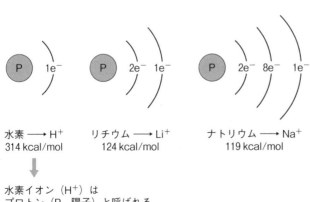

図 4.13　各原子のイオン化

▶ 4.6 電子親和力

マイナスイオンになるときもイオン化という．電子を取り込んだときの状態がマイナスイオンであり，この電子を取り込む能力を**電子親和力**（electron affinity）という．

たとえば，ヨウ素原子（$_{53}$I）が電子1個を取り込んでヨウ化物イオンになるときにエネルギーを放出する．このエネルギーを電子親和力という．

$$I + e^- \longrightarrow I^-$$

電子親和力は，電子が原子核に引き寄せられる強さに相当する．ヨウ素は5p軌道に電子が入り，電子親和力は 3.2 eV である．塩素原子（$_{17}$Cl）は3p軌道に電子が入り，電子親和力は 3.75 eV である．

▶ 4.7 電気陰性度

イオン化ポテンシャルと電子親和力の和を**電気陰性度**（electronegativity）という．原子が結合するとき，電子を引きつける傾向の大きさを相対的に示す尺度となる．次節で述べる周期表の右上に配置された元素ほど，電気陰性度が大きい．**図 4.14** に**ポーリングの電気陰性度**を示す[*6]．フッ素（F）が最大で，4.0である．この値が大きいほど陰（マイナス）イオンになりやすい．

*6 すべての元素に電気陰性度はある．具体的には，他の資料を参照してほしい．

H (2.2)						
Li (1.0)	Be (1.6)	B (2.0)	C (2.6)	N (3.0)	O (3.4)	F (4.0)
Na (0.9)	Mg (1.3)	Al (1.6)	Si (1.9)	P (2.2)	S (2.6)	Cl (3.2)

図 4.14　ポーリングの電気陰性度

一般に，非金属元素は電気陰性度が高く，金属元素は低い．つまり，非金属元素は金属元素から電子を取り込む（奪う）傾向をもつ．

電気陰性度を用いて，結合が共有結合かイオン結合かを予測することができる．一般に，二つの元素間の電気陰性度の差が 2.0 以下のときは共有結合，2.0 以上のときはイオン結合である．たとえば，H_2O が共有結合かイオン結合かを考えよう．HとOの電気陰性度はそれぞれ2.2と3.4で，3.4 − 2.2 = 1.2となり2.0より小さいので共有結合である（Hの電気陰性度を2倍にしない）．KClの場合は，Kの電気陰性度が0.8，Clが3.2で，3.2 − 0.8 = 2.4となり，2.0より大きいのでイオン結合である．H_2の場合は，2.2 − 2.2 = 0で，共有結合である．

しかしこれは，少し乱暴な（簡単な）考え方で，どちらかの結合しかないよ

うに思うかもしれない. 実際は, 共有結合性とイオン結合性の割合で考えるのがよい. ポーリングは電気陰性度の差を用いて次式を定義した.

$$\text{イオン性の量} = 1 - e^{-1/4(X_A - X_B)^2}$$

この解を百分率（%）にしてまとめたものを表 4.12 に示す. 前述のように H_2O での電気陰性度の差は 1.2 であるが, 表 4.12 によるとイオン結合性が 30%, 共有結合性が 70% になる.

表 4.12　電気陰性度から求めたイオン結合性と共有結合性の割合

電気陰性度の差	イオン結合性 (%)	共有結合性 (%)	電気陰性度の差	イオン結合性 (%)	共有結合性 (%)
0	0.0	100.0	1.7	51.0	49.0
0.1	0.5	99.5	1.8	55.0	45.0
0.2	1.0	99.0	1.9	59.0	41.0
0.3	2.0	98.0	2.0	63.0	37.0
0.4	4.0	96.0	2.1	67.0	33.0
0.5	6.0	94.0	2.2	70.0	30.0
0.6	9.0	91.0	2.3	74.0	26.0
0.7	12.0	88.0	2.4	76.0	24.0
0.8	15.0	85.0	2.5	79.0	21.0
0.9	19.0	81.0	2.6	82.0	18.0
1.0	22.0	78.0	2.7	84.0	16.0
1.1	26.0	74.0	2.8	86.0	14.0
1.2	30.0	70.0	2.9	88.0	12.0
1.3	34.0	66.0	3.0	89.0	11.0
1.4	39.0	61.0	3.1	91.0	9.0
1.5	43.0	57.0	3.2	92.0	8.0
1.6	47.0	53.0			

▶ 4.8　周 期 律

　元素は, 原子核と電子数によってさまざまな物理的・化学的特性をもつことがわかってきた. 1869 年, ロシアの化学者ドミトリ・メンデレーエフ（1834〜1907 年）は, 元素を原子量順に並べることで物質の特性が見えてくるはずだと考え, 物理的性質〔横列：**周期**（period）〕, 化学的性質〔縦列：**族**（group）〕を考慮しつつ元素を並べ, **周期律**（periodic law）を発見した. 図 4.15 にメンデレーエフが考案した**周期表**を示す.

　メンデレーエフがすごいのは, 陽子や電子, 希ガスの存在も未発見の時代に, 周期表に空欄を設けている点である. 今は見つかっていないが, 将来きっと空欄に当てはまる元素が見つかるだろうと予測したのである. 実際, 原子番号 31

族＼周期	1	2	3	4	5	6	7	8		
1	1 H							2		
2	3 Li	4 Be	5 B	6 C	7 N	8 O	9 F	10		
3	11 Na	12 Mg	13 Al	14 Si	15 P	16 S	17 Cl	18		
4	19 K	20 Ca	21	22 Ti	23 V	24 Cr	25 Mn	26 Fe	27 Co	28 Ni
	29 Cu	30 Zn	31	32	33 As	34 Se	35 Br	36		
5	37 Rb	38 Sr	39 Y	40 Zr	41 Nb	42 Mo	43	44 Ru	45 Rh	46 Pd
	47 Ag	48 Cd	49 In	50 Sn	51 Sb	52 Te	53 I	54		
6	55 Cs	56 Ba	57 La	72	73 Ta	74 W	75	76 Os	77 Ir	78 Pt
	79 Au	80 Hg	81 Tl	82 Pb	83 Bi	84	85	86		
7	87	88	89	104	105					

58 Ce	59	60	61	62	63	64	65 Tb	66	67	68 Er	69	70	71
90 Th	91	92 U	93	94	95	96	97	98	99	100	101	102	103

図 4.15　メンデレーエフが考案した周期表

表 4.3　メンデレーエフの予測とガリウム（Ga）の実測値

	エカアルミニウム（予測値）	ガリウム（実測値）
原子量	68	69.9
酸化物の化学式	E_2O_3	GaO_3
塩の生成	EX_3	GaX_3

X はハロゲン.

のガリウム（Ga）は当時知られていなかったが，その原子量や化学式などを予測している．当時はエカアルミニウム（アルミニウムの一つ下の族）と呼んでいた．メンデレーエフが周期表を提唱した 6 年後の 1875 年，フランスの化学者ポール・ボアボードラン（1838～1912 年）がガリウムを発見したが，その物理的・化学的特性はメンデレーエフの予測値とほぼ一致していた（**表 4.3**）．

　現在の周期表（前見返しを参照）は，元素を原子番号（陽子数）順に並べたもので，周期が 7 段（横方向），族が 18 種類（縦方向）の構成になっている．原子番号は電子数と一致するから，現在の周期表は，元素の電子配置を表した表ともいえる．

　周期は，**最外殻**（outermost shell）の種類を表している．第 1 周期の元素は K 殻，第 2 周期の元素は L 殻，第 3 周期の元素は M 殻が最外殻である．このように，横列では最外殻が同じ主殻（K，L，M……）である．

　族は，最外殻の電子数を表している．1 族の最外殻電子は 1 個，2 族では 2

個，13 族では 3 個（3〜11 族は最外殻電子が 2 個で，**遷移元素**と呼ばれる），18 族では 8 個（18 族の元素は**希ガス**と呼ばれる）である．このように周期表では，最外殻の電子数が同じ元素が縦に配置されている．ただしヘリウム（He）は例外で，2s 軌道に電子が 2 個あり，それが最外殻かつ安定なので，希ガス（不活性化ガス）に分類される．

周期表から元素の性質がわかる．1 族（縦の列）の元素は水と激しく反応する．また，周期表の左下の元素は陽性（プラスになりたがる傾向）が強く，H^+ を受けとる性質（**塩基性**という）をもち，電子を放出する**還元剤**になりやすい．反対に，周期表の右上の元素は陰性（マイナスになりたがる傾向）が強く，H^+ を出す性質（**酸性**という）をもち，電子を受けとる**酸化剤**になりやすい．18 族の希ガス元素は陽性でも陰性でもなく，どの元素とも化学反応を起こさず，不活性である．

硝酸（HNO_3）を例に考えよう．

$$HNO_3 \longrightarrow H^+ + NO_3^- \tag{1}$$
$$2HNO_3 + Ag \longrightarrow NO_2 + AgNO_3 + H_2O \tag{2}$$

式 (1) の通り，硝酸は H^+ を放出する（したい）酸（酸性の物質）である．同時に，式 (2) のように，銀（Ag）から電子を奪う酸化剤として働く．

原子とは何か．元素をまとめた周期表を知ることで，物理的・化学的特性が見えてくる．これらの知識を生かして，以降の章では，化学結合や化学反応とはどういったものかを学ぶ．

練習問題

1. 次の中性原子の陽子，電子，中性子の数を答えなさい．
   a. $^{238}_{92}U$　　b. $^{234}_{90}Th$　　c. $^{4}_{2}He$
2. もし $^{209}_{83}Bi$ を $^{197}_{79}Au$ に変える錬金術があったとしたら，それは陽子，電子，中性子の数を自在に操れるということである．それでは，Bi を Au に変えるためには陽子，電子，中性子をそれぞれ何個ずつ増減させればよいか．
3. リチウム（Li）には 2 種類の同位体が存在する．その存在比は ^6Li が 7.5%，^7Li が 92.5%である．リチウムの原子量を計算しなさい．ただし，それぞれの同位体質量は ^6Li が 6.015，^7Li が 7.016 とする．
4. 原子番号 113 の元素は日本人グループが合成・発見したもので，2016 年にニホニウム（Nh）と命名された．この元素は，亜鉛（Zn，原子番号 30，陽子数 30，中性子数 40）とビスマス（Bi，原子番号 83，陽子数 83，中性子数 126）の原子核を衝突・融合させてできる．この元素が合成できたことを証明するには，どうすればよいかを考察しなさい．

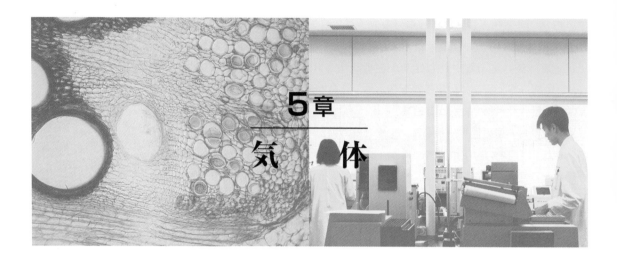

本章では，まずは**理想気体の状態方程式**（$pV = nRT$）について学んでいく.

▶ 5.1 物質の三態

気体は目に見えないが，物質（粒子，分子）として存在し，固体や液体に比べて粒子間の距離が大きく，熱運動により空間を激しく飛んでいる．そのため，形状が一定ではなく，密度も小さい.

固体では粒子間の引力が大きく，一定の形状を保ち，各粒子はその位置を中心に振動している.

液体は熱運動で粒子の位置を変えることができるため，流動性を示す．粒子間の距離は近く，密度も固体と同程度である.

一般的に，粒子間の引力が大きい物質ほど融点や沸点が高くなる．つまり融解や蒸発が起こりにくい.

純物質の状態変化は，圧力一定のとき，融点（融解する温度）と凝固点（凝固する温度）は同じ温度である．たとえば，水の融点と凝固点は，圧力が 1013.25 hPa[*1] のときは 0℃である.

*1 圧力の単位については 5.4 節を参照.

▶ 5.2 蒸気圧と沸騰

コップに半分くらい水を入れて，ふたをし，室温で放置する．見かけの変化はない．このとき，コップ内上部の空間では，水蒸気が飽和した状態（これ以上，蒸発が起こらない状態）となっている．このときの圧力を**飽和蒸気圧**（saturated vapor pressure）という．コップ内部では，水分子の蒸発と凝縮が単位時間あたり等しく起こっている．この状態を**気液平衡**（vapor-liquid

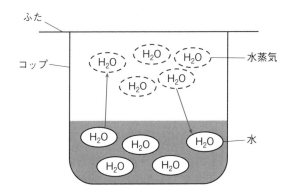

図 5.1　気液平衡

equilibrium）という（図 5.1）．

　ふたをしないと，水はすべて蒸発してなくなる．これは，水面で凝縮よりも蒸発が多くなり，空気中へ水蒸気が拡散されるためである．冷えた水が入ったコップの周りに水滴が現れるのは，コップの周りの空気が冷やされて蒸気圧が下がり，空気中の水分が凝縮する現象である．

　逆に，液体を熱すると蒸気圧が大きくなり，液体内部も外圧（大気圧）と等しくなる．すると内部からも気泡が発生する．この現象が**沸騰**（boiling）である．何度で蒸気圧が大気圧と等しくなるかで，蒸発する温度は変わる．蒸気圧が低い物質ほど，高温にならないと大気圧と等しくならない（**表 5.1** 参照）．低圧の高地で水が 100 ℃よりも低い温度で沸騰するのは，水の蒸発を抑える圧力が低いため，低温で沸騰が始まるからである（図 5.2）．

　表 5.1 に水とエタノールの例を挙げるように，蒸気圧は物質によって固有の値を示し，温度にのみ依存する．温度が高くなれば，液体分子の熱運動（振動）が激しくなり，蒸発して気体分子になる．

　純物質を凝固点温度まで下げても，凝固しないときがある．たとえば，水を

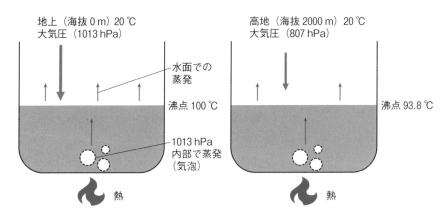

図 5.2　高地で水が 100 ℃以下で沸騰する理由

表5.1　水とエタノールの蒸気圧（hPa）

温度（℃）	0	20	40	60	80	100	120
水	6.1	23	74	199	474	1013	1985
エタノール	16.9	58.5	177	466	1080	2250	2640

静置してゆっくりと冷却していくと，0℃になっても凍らない（凝固しない）.
さらに冷却し続けるか振動などのエネルギーを加えるかすると，突然に凍結が
始まる. この現象を**過冷却**と呼ぶ.

　過冷却の逆の現象が**過熱**である. この状態では，沸点を超えてもなお液体の
ままでいる（**図5.3**）. この現象の応用が圧力鍋で，加圧した状態で水を熱する
ことで過熱状態を維持し，100℃以上の液体の水をつくり出している. 高温で
加熱することと圧力をかけることで，調理時間を短縮できるのである. 凝固と
沸騰は，凝固点と沸点よりも少し低い，または高い温度で起こる現象である.
「水は0℃で凍る」，「100℃で沸騰する」というのは不正確で，厳密には「水は
−0.0000……1℃で凍り始める」，「100.000……1℃で沸騰し始める」という
のが正しい.

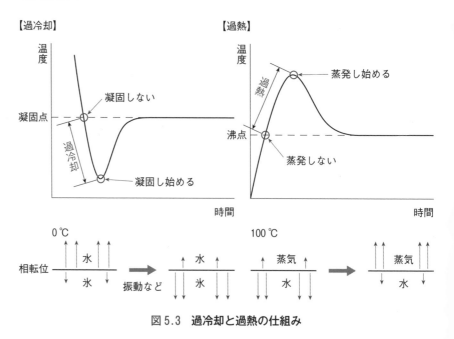

図5.3　過冷却と過熱の仕組み

▶ 5.3　物質の状態変化

　図5.4に物質の状態変化を示す. 物質を熱すると，熱エネルギーを得て物質
の温度は上がる. ただし**融解**（melting）や沸騰が始まると，熱し続けても温度

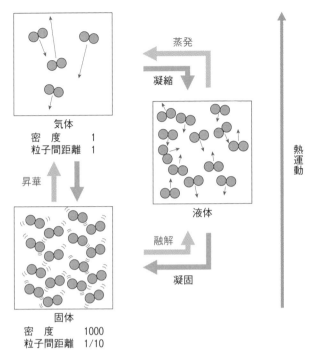

図 5.4 物質の状態変化
気体, 固体, 液体の構成粒子を示す. 固体と液体は気体に比べて粒子間
距離が 1/10 程度, 密度が 1000 倍程度である (常温・常圧時).

は一定となる. このことは, 与えた熱エネルギーが融解と沸騰という状態変化
にのみ使われていることを示す.

　物質が融解する, または蒸発するときに使われるエネルギーをそれぞれ**融解
熱**（結晶中の物質の配列を引き離す）, **蒸発熱**（密に集合した物質の結合を切
る）という. 一般的に, 物質の結合力が強いほど融解熱・蒸発熱は大きい傾向
にある. 結合力はイオン結合＞金属結合＞分子間力の順に強い.

　分子間力の一種であるファンデルワールス力[*2]によって結合している物質,
たとえば二酸化炭素（ドライアイス）やナフタレンのように結合が弱いものは,
融点や沸点がかなり低い. そのため**昇華**（sublimation）現象を起こし, 固体か
ら気体（またはその逆）に変わる. このときに使われるエネルギーを**昇華熱**と
いう.

▶ 5.4　空気の圧力

　気体（gas）の研究は, 最初（1500 年頃）は空気のみで行われていた. イタ
リアの物理学者エヴァンジェリスタ・トリチェリ（1608～1647 年）は, 片側を
閉じたガラス管に水銀を満たして, 水銀を満たした容器の中に立てた. すると,

＊2　分子間に働く相互作用
の一つ. 実在気体では分子間
にわずかな引力が働き, これ
をファンデルワールス力と呼
ぶ. 他の化学結合と比べると
弱いが, 気体の固化や液化を
考えたときに重要な因子にな
る. 理想気体ではファンデル
ワールス力が加味されていな
いため, 理論圧力値と実測値
にわずかな誤差が生じる（5.
8 節および 5.12 節参照）.

ガラス管中の水銀は水銀容器の界面から 760 mm の高さまで下がった．現在ではこれを 1 気圧（atm）＝ 1013.25 hPa としている．Torr，mmHg という単位も同じである．

ここで，計算から 1 atm ＝ 1013.25 hPa になるかを求めてみよう．

単位について，1 Pa ＝ 1 N/m^2 であり，右辺は 1 m^2 に 1 N の力がかかっている意味である．1 N ＝ 1 kg・m/s^2 なので，1 N は 1 kg の物体に 1 m/s^2 の加速度をつける力である．

1 mmHg とは，単位面積あたり，高さ 1 mm の水銀柱がかかる力である．水銀の密度は 13.59 × 10^3 kg/m^3，重力加速度は 9.806 m/s^2 なので，高さ 760 mm，底面積 1 m^2 の水銀柱の質量は，体積×密度から

$$0.76\,\mathrm{m} \times 1\,\mathrm{m}^2 \times 13.59 \times 10^3\,\mathrm{kg/m}^3 = 1.033 \times 10^4\,\mathrm{kg}$$

この質量が及ぼす力は，運動方程式 $F = ma$ より

$$1.033 \times 10^4\,\mathrm{kg} \times 9.806\,\mathrm{m/s}^2 = 1.013 \times 10^5\,\mathrm{kg \cdot m/s}^2 = 1.013 \times 10^5\,\mathrm{N}$$

最後まで換算すると，高さ 760 mm，底面積 1 m^2 の水銀柱の圧力は 1.013 × 10^5 N/m^2 となり，1 N/m^2 ＝ 1 Pa で h（ヘクト）は 100 ＝ 10^2 なので，1.013 × 10^5 N/m^2 ＝ 1013 hPa となり，おなじみの 1013 hPa ＝ 1 atm が求められた．

▶ 5.5 ボイルの法則

イギリスの化学者・物理学者のロバート・ボイル（1627～1691 年）は，「空気は分子とすき間から構成されている．分子は壁に衝突している．これを圧力と呼び，すき間を狭くすると分子運動は活発になり，単位時間あたりに衝突する回数が増える」ことを提唱し，実証した．そして「温度一定のとき，一定量の気体の体積 V は圧力 p に反比例する」という**ボイルの法則**を 1662 年に発見した．この法則は次の式で表される．

$$pV = k \quad (k \text{ は定数})$$

この式から次の関係が成り立つ（**図 5.5**）．

$$p_1 V_1 = p_2 V_2$$

▶ 5.6 シャルルの法則

　ボイルの法則から約100年後，フランスの実験物理学者ジャック・シャルル（1746〜1823年）が気体と温度の関係式を発見した（その後，公表したのはゲー・リュサックである）．圧力一定の下，温度が1℃上昇するごとに体積は1/273膨張し，反対に1℃降下するごとに0℃での体積の1/273収縮するというものである．温度と体積の間には正比例の関係が成り立ち，次の式で表される．

$$V = kT \quad （k は定数）$$

温度（T）には**絶対温度（ケルビン温度，K）**を用いるのが化学では一般的である（このことは8章で詳しく述べる）．Kは絶対温度単位で，**摂氏温度（℃）**に換算すると0℃ = 273Kであり，1℃上がると同様に1K上がる．
シャルルの法則の式は

$$V/T = k$$

となり，

$$V_1/T_1 = V_2/T_2$$

という関係が成り立つ（図5.6）．

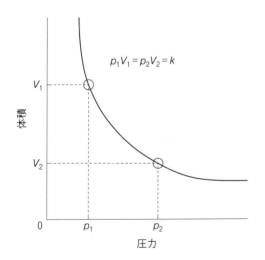

図5.5　ボイルの法則の p–V 曲線

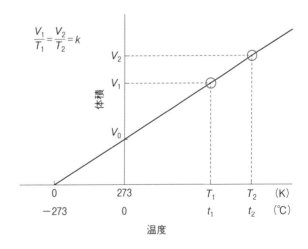

図5.6　シャルルの法則の T–V 直線

▶ 5.7　ボイル-シャルルの法則

　ボイルの法則とシャルルの法則とを組み合わせることで，圧力 p，体積 V，温度 T の三つの変数すべてを一つの式にまとめることができる．

　まず，ボイルの法則から

$$p_1 V_1 = p_2 V'$$
$$V' = p_1 V_1 / p_2 \quad (T = T_1 : 一定) \tag{1}$$

圧力を p_2 に保持して，温度を T_1 から T_2 に変化させると，体積 V_2 はシャルルの法則により

$$V'/T_1 = V_2/T_2$$
$$V_2 = T_2/T_1 \times V' \tag{2}$$

式 (2) に式 (1) を代入して

$$V_2 = (T_2/T_1) \times (p_1 V_1 / p_2)$$

各辺を 1 と 2 でまとめると

$$p_1 V_1 / T_1 = p_2 V_2 / T_2 \tag{3}$$

となる．これを**ボイル-シャルルの法則**という．

▶ 5.8　理想気体の状態方程式

　理想気体は，気体分子自身の体積と気体分子間の相互作用（ファンデルワールス力）を無視したものである．しかし**実在気体**には，体積も分子間の相互作用もある．図 5.7 に示すように，理想気体は気体分子の体積を無視している（質点とみなす）が，実際は気体分子自身には体積があり，空間を押している状態である．水を満杯に入れたビーカーにビー玉を入れると，ビー玉の体積分だけ水が押し出されるのと同じである．

　以上の点を踏まえて，理想気体の状態方程式を考えてみる．標準状態（0℃ = 273 K，1013 hPa）における気体 1 mol の体積 $V_m = 22.4$ L を式 (3) に代入する．

$$\begin{aligned} p V_m / T &= 1013 \times 10^2 \, \text{Pa} \times 22.4 \, \text{L/mol} \,/\, 273 \, \text{K} \\ &= 8.31 \times 10^3 \, \text{Pa} \cdot \text{L/mol} \cdot \text{K} \end{aligned} \tag{4}$$

$1 \, \text{Pa} = 1 \, \text{N/m}^2$ は，$1 \, \text{L} = 10^{-3} \, \text{m}^3$ から次のように直せる．

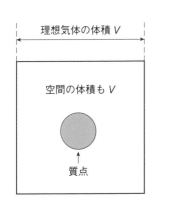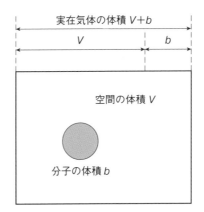

図 5.7　理想気体と実在気体の違い（体積の補正）

質点：重さはあるが体積はない.

$$1 \, \mathrm{Pa} \cdot \mathrm{m}^3 \,=\, 1 \, \mathrm{N/m^2} \cdot \mathrm{m}^3 \,=\, 1 \, \mathrm{N} \cdot \mathrm{m} \,=\, 1 \, \mathrm{J}$$

式 (4) の $8.31 \times 10^3 \, \mathrm{Pa} \cdot \mathrm{L/mol} \cdot \mathrm{K}$ は，$1 \, \mathrm{L} = 10^{-3} \, \mathrm{m}^3$ から

$$8.31 \, \mathrm{J/mol} \cdot \mathrm{K}$$

とも表記される. この値は定数で，**気体定数 R**（gas constant）と呼ばれる.

R を使って式 (3) を表すと

$$pV_\mathrm{m} \,=\, RT \tag{5}$$

となり，これは気体が $1 \, \mathrm{mol}$ のときに成立する. 物質量が $n \, \mathrm{mol}$ のときは $V_\mathrm{m} = V/n$ なので，式 (5) に代入すると

$$p \cdot V/n \,=\, RT$$

となり，まとめると

$$pV \,=\, nRT \tag{6}$$

になる. 式 (5) や式 (6) を**理想気体の状態方程式**（equation of state of ideal gas）という（5.11 節参照）.

　状態方程式から分子量を求めることができる. 気体試料のモル数（n）は，試料の質量（w）を気体の分子量（M）で割ったものと等しい.

$$n \,=\, w/M$$
$$M \,=\, w/n$$

▶ 5.9　アボガドロの法則

1811年にイタリアの化学者・物理学者のアボガドロは，「同温・同圧下では同体積の気体は同じ分子数（モル数）である」と提唱した．これは**アボガドロの法則**と呼ばれる．この法則は，1805年にフランスの化学者・物理学者のゲー・リュサックが提唱した**気体反応の法則**（law of combining volumes）を支持するものだった．

気体反応の法則によれば，水素（H_2）と酸素（O_2）が反応して水蒸気（H_2O）が生じるとき，同温・同圧であれば，2 L の H_2 と 1 L の O_2 から 2 L の水蒸気がつくられる．

$$2H_2（気）+ O_2（気）\longrightarrow 2H_2O（気）$$

今では当然のように化学反応式で書かれているが，ゲー・リュサックは実験で「同温・同圧下で気体が反応する場合，反応物と生成物の体積は整合性のとれた反応式の係数と同じ割合になる」ことを証明した．

アボガドロの法則によれば，容量（V）が可変な容器にぴったり1 mol の水素ガスを入れ，0 ℃，1013 hPa（標準状態）に保つと，水素ガスの容量は22.4 L になる．酸素やヘリウムなど他の気体でも，1 mol の場合は同条件でやはり 22.4 L になる．

たとえば，標準状態である 3.00 mol の気体の体積は

$$3.00 \text{ mol} \times (22.4 \text{ L}/1 \text{ mol}) = 67.4 \text{ L}$$

標準状態で 11.2 L の気体のモル数は

$$11.2 \text{ L} \times (1 \text{ mol}/22.4 \text{ L}) = 0.50 \text{ mol}$$

となる．

▶ 5.10　分圧の法則

混合気体（2種類以上の気体）でも，同温・同圧下では，気体の体積はモル数に比例する．

気体①（体積 V_1 L，物質量 n_1 mol）と気体②（V_2 L，n_2 mol）を混合して体積 V L，物質量 n mol にしたとき，次の関係が成り立つ．

$$n = n_1 + n_2, \quad V = V_1 + V_2 \quad（同温・同圧）$$

状態方程式は次のようになる．

$$pV = nRT = (n_1 + n_2)RT$$

この混合気体の圧力 p を**全圧**という．各気体成分が，単独で混合気体の全体積を占有するとき，その圧力を**分圧**と呼ぶ．

気体の圧力をそれぞれ p_1, p_2 とすると

$$(p_1 + p_2)V = (n_1 + n_2)RT$$

となる．これは

$$p_1 = (n_1/n) \times p$$
$$p_2 = (n_2/n) \times p$$

ともなる．これらの式は，分圧は各成分の物質量（n_x）の比に等しいことを表す．

以上について例を使って考えてみよう．酸素 2.1 mol，窒素 7.8 mol を容量 1.0×10^2 L の容器に入れる．温度 27 ℃，大気圧 1.0×10^5 Pa，気体定数 8.31×10^3 Pa·L/mol·K とする．この混合気体の全圧 p と各気体の分圧を求める．

全圧は

$$p = \{(2.1\,\text{mol} + 7.8\,\text{mol}) \times 8.31 \times 10^3\,\text{Pa·L/mol·K} \times 300\,\text{K}\}/1.0 \times 10^2\,\text{L}$$
$$= 2.5 \times 10^5\,\text{Pa}$$

分圧（酸素）は

$$p_O = \{(2.1\,\text{mol}/9.9\,\text{mol}) \times 8.31 \times 10^3\,\text{Pa·L/mol·K} \times 300\,\text{K}\}/1.0 \times 10^2\,\text{L}$$
$$= 0.5 \times 10^5\,\text{Pa}$$

分圧（窒素）は

$$p_N = \{(7.8\,\text{mol}/9.9\,\text{mol}) \times 8.31 \times 10^3\,\text{Pa·L/mol·K} \times 300\,\text{K}\}/1.0 \times 10^2\,\text{L}$$
$$= 2.0 \times 10^5\,\text{Pa}$$

分圧を足し合わせると全圧に等しくなる．

$$p_O + p_N = 2.5 \times 10^5\,\text{Pa}$$

▶ 5.11 実在気体

状態方程式の $pV = nRT$ が成立するのは理想気体のときだけで，実際に存在する気体は，標準状態（0 ℃，1013 hPa）から外れると，ずれが生じてくる．これは，気体自身が体積をもつこと，分子間力が働くことが原因である（図5.7

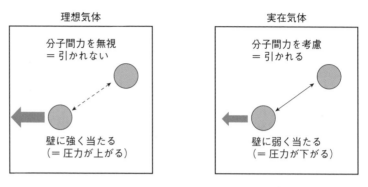

図 5.8　理想気体と実在気体の違い（分子間力の補正）

参照）. **図 5.8** に示すように，分子同士の相互作用を無視するとき（理想気体）と考慮するとき（実在気体）では，気体分子が壁に当たる衝撃（圧力）に差が生じることを想像できるだろう.

　高圧では，単位体積あたりの分子数が増えるので，分子自身のもつ体積が占める割合が多くなり，気体の体積は計算上よりも大きくなる. 一方，低温では，分子の熱運動が弱まり，分子間力が大きくなるので，気体の体積は縮んだ状態となり，計算値よりも小さくなる（**図 5.9**）.

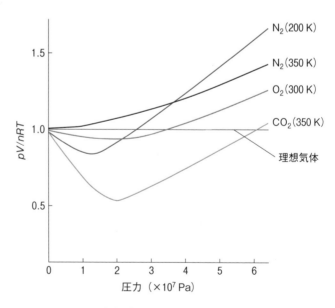

図 5.9　理想気体と実在気体の温度と体積の関係

▶ 5.12 実在気体の状態方程式

理想気体には次のような前提がある．つまり，分子間力は働かず，高圧下で低温にしても凝縮することなく，固体にも液体にもならないというものである．実際は，高圧・低温にすると，分子間力が大きい気体ほど液体になりやすい．

図5.10のA点の気体は，ボイルの法則（$p_1V_1 = p_2V_2$，温度一定）によれば，加圧することで体積は減少するはずである．しかし実際は，飽和蒸気圧（B点）に達すると，液体と気体が混在し，C′点へは進まず，圧力が一定に保たれる．すべて液体になると，さらに圧力が上がる．

またシャルルの法則（$V_1/T_1 = V_2/T_2$）も，実在気体では限られた範囲でしか適用されない．図5.11のA点の気体は，シャルルの法則によれば，温度を下げることで体積は直線的に減少する．しかし実際は，A点から直線的にC′点には進まず，沸点（B点）に達すると凝縮が起こり，気体が液化する（液体と気体が混在，B′点）．さらに温度を下げると，すべて液化し，融点（C点）に達すると固化する．

理想気体の状態方程式は，物質量 n mol，温度 T K，圧力 p_1 Pa，体積 V_1 L として次のように表される．

$$p_1V_1 = nRT \tag{7}$$

それでは，実在気体の場合，状態方程式はどうなるだろうか．実在気体では気体分子が体積をもち，そのぶん理想気体より体積が大きくなる．実在気体の体積を V_R L とすると

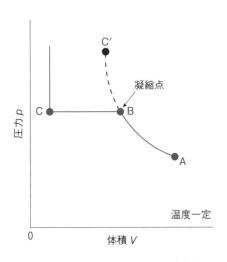

図5.10　実在気体の加圧と体積変化

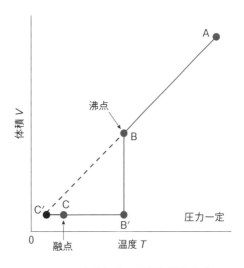

図5.11　実在気体の冷却と圧力変化

$$V_R = V_I + C_a \tag{8}$$

と表される．C_a は気体分子の体積を表す定数で，気体の種類によって異なる．

　次に，実在気体の圧力を p_R Pa とする．実在気体には**分子間力**（分子同士が引き合う力）が働くので，理想気体よりも圧力は低くなる．そして体積が小さくなればなるほど，分子間力は大きくなり，その効果は体積の2乗に反比例することが知られている．つまり，気体を圧縮していくと空間と気体分子の体積との関係が無視できなくなり，式で表すと次のようになる．

$$p_R = p_I - (C_b/V_R^2) \tag{9}$$

と表される．C_b は分子間力を表す定数で，気体の種類によって異なる．

　式（7）から式（9）までをまとめると

$$\{p_R + (C_b/V_R^2)\}(V_R - C_a) = RT \quad (\text{気体 1 mol の場合})$$

となる．これが実在気体の状態方程式で，**ファンデルワールスの式**ともいう．なお C_a と C_b は**ファンデルワールス定数**と呼ばれ，『理科年表』などを調べれば，各気体の値がわかる．化学実験では実在気体を扱うことが多いことからも重要な式である．

練習問題

1. ナトリウム（Na）の融解熱と蒸発熱は，それぞれ 2.60 kJ/mol，89.1 kJ/mol である．ナトリウム 1 g あたりの融解熱と蒸発熱を求めなさい．なお，ナトリウムの原子量は 23.0 である．

2. 同一の理想気体の状態を a と b とした場合，次の値から V_b を求めなさい．
   $p_a = 0.60$ atm，$V_a = 30.0$ L，$p_b = 0.20$ atm

3. 同一の理想気体の状態を a と b とした場合，次の値から t_b を求めなさい．ただし℃で答えること．
   a．$t_a = 77.0$ ℃，$V_a = 2.00$ L，$V_b = 5.00$ L
   b．$t_a = -50.0$ ℃，$V_a = 3.00$ L，$V_b = 6.00$ L

4. 標準状態で 5.00 mol の窒素の体積を L で求めなさい．

5. 0.1 L の水素ガスと 0.1 L の酸素ガスを反応させ，生成される水蒸気の体積を求めなさい．三つの気体は，いずれも同温・同圧とする．また，未反応のガスがある場合，その種類は何で，どのくらい残っているか．

6. 温度を 25.0 ℃に保ったままで，10.0 L のボンベ（圧力は 10.0 atm）の 1/4 の水素を風船に入れたときの風船の体積を求めなさい．大気圧は 1 atm とする．

7. 問 6 の風船を高さ 20 km まで上げると風船の体積は地表の何倍になるか．ただし，高さ 20 km での温度は -60 ℃，圧力は 0.05 atm とする．

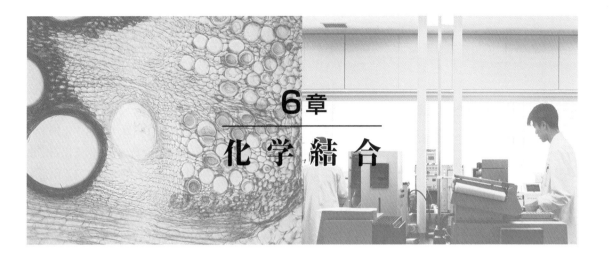

6章

化学結合

▶ 6.1　はじめに

　私たちの身の回りには数えきれないほど多種類の物質が存在する．それらを原子レベルで見ると，単一元素からなる物質はごく稀で〔窒素ガス（N_2），酸素ガス（O_2），精製した金属インゴット[*1]など〕，それらのほとんどが2種類以上の元素から構成されている．原子は，同じ種類の元素の原子同士あるいは異なる元素の原子と結合して分子を形成するが，その組合せとサイズによって生じる分子は無限の多様性をもつ．地球上に存在する膨大な種類の生物が，その生命活動の際につくり出す固有の有機代謝産物を考慮すると，その多様性が推し量られる．生命科学を学ぶ学生のみなさんにとって，生物がつくり出す有機物がどのように原子間で結合して構成されているかを理解することは重要である．

　この章では，原子および分子間結合の主役というべき電子と原子軌道の構造の解明と，その歴史的背景について説明した後，原子および分子間における主要な結合様式である**イオン結合**，**共有結合**そして**金属結合**について説明する．

　化学結合は，物質を構成する2個以上の原子間の結合をいう．この化学結合は，その結合によって分子が構成される**分子内結合**と，ある分子と別の分子をつなぐ**分子間結合**に分けられる．当然のことながら，分子内結合は分子間結合よりも強力である（同じかそれ以上の強さの結合であれば，二つの分子は一つの分子とみなされる）．この分子内結合の種類には，**イオン結合**，**共有結合**そして**金属結合**がある．また，分子間結合には**水素結合**があり，この結合は，酵素と基質，抗原と抗体，あるいは二重らせんを形成する DNA など，生命活動を営むうえできわめて重要な結合であり，13章で取り上げる．

＊1　金属の塊のこと．「延べ棒」という言葉は聞きなじみがあるだろう．これは金属を溶かして型に入れて固めたものである．

▶ 6.2 原子構造の解明と歴史的背景

　ここで少し，4章の復習も兼ねて原子について考えてみよう．物質に対する各時代の科学者の認識を，過去から現在までの時間軸に沿って眺めてみると，私たちにとっても原子の構造を理解するうえで助けになる．

　古代ギリシャの哲学者たちは，この世界に存在する物質は土・水・空気・火の四つの元素からなるという**四元素説**を提唱した（**図6.1**）．この考えはその後の古代ローマ，イスラム，中世ヨーロッパの時代にまで影響を与えた．中世の錬金術から得られたさまざまな実験的検証などを土台として，18〜19世紀のヨーロッパでは新たに多数の元素が発見された．これらの発見とともに発展したヨーロッパの近代化学では，物質は原子という究極の構成単位（それ以上分割できない要素）からなり，元素は固有の性質をもつ原子の集団であること，そして化合物は異なる原子の組合せから生じることが提唱された（ドルトンの**化学的原子論**）．1869年にロシアのメンデレーエフは，それまでに発見された元素の物理化学的特性が一定の周期に従って分類できることに気づき，それを元にした**周期表**を発表した．1章でも触れたが，20世紀に入り，1904年に日本の長岡半太郎が，正電荷をもつ大型の原子核の周囲を負電荷をもつ電子が公転する**土星型原子モデル**を発表した．しかし長岡のモデルでは，その当時行われた物理学的な実験結果を裏づけることはできなかった．1911年にイギリスのラザフォードは，金箔にα線（Heの原子核．陽子2個と中性子2個からなる）を照射する実験を行ったところ，ほとんどのα粒子は金箔を通過するが，ごく稀に大きく進路が変わるα粒子が存在することを発見した．彼は，約50倍の質量をもつ金の原子核にα粒子が衝突したためにその進路が変更したと考え，金原子の構造として中心に質量と電荷のまとまったきわめて小さい原子

エンペドクレス
（前493頃〜433年頃）

プラトン
（前427〜347年）

アリストテレス
（前384〜322年）

図6.1　四元素説を提唱した古代ギリシャの哲学者たち

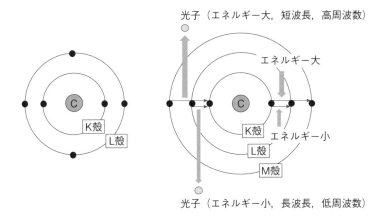

光子（エネルギー大，短波長，高周波数）

エネルギー大

エネルギー小

光子（エネルギー小，長波長，低周波数）

図 6.2　ボーアの原子モデル（例：炭素原子）

核が存在するという，いわゆる「惑星モデル」を提唱した．しかしこのモデルでは，当時観測されていた複数元素の原子スペクトラム[*2]のパターン（連続的な量ではなく，整数個として出現する）を説明することができなかった．また，古典的電磁気学の観点からも，負に荷電した粒子が円運動を行うと，円運動の周期の逆数に等しい周波数の電磁波（光）を放出してエネルギーを失ってしまうので，ラザフォードモデルには欠陥があった．

　1913 年にデンマークのボーアは，ラザフォードの原子モデルでは説明できなかったこれら疑問への解答として**量子力学的モデル**を構築した（**図 6.2**）．彼はこのモデルで，電子はエネルギー準位に依存した数の外殻上に整数個存在し，安定なエネルギー準位に位置する基底状態では，エネルギーを放出することなく古典力学に従って原子核の周囲を運動しながら存在するとした．したがって電子は，エネルギーを吸収すると，そのエネルギー状態に対応した外殻上の「座席」ともいうべき位置へと移動し，エネルギーを放出すると，そのエネルギーに対応する波長の光（**光子**）を放出しながら，電子自体がもつエネルギー準位に対応した外殻上へ移動することになる．このボーアの原子モデルによって水素原子のスペクトルの実験結果を説明することができた．

　1924 年にフランスのド・ブロイは，アインシュタインやコンプトンが提出した「光は波であるとともに粒子としての性質をもつ」という解釈に影響を受けて，光子を含むすべての物質は波動性をもつという**ド・ブロイ波**の理論を提唱した（**図 6.3**）．この理論は，ボーアが示したように，原子軌道上を運動する電子の波長は最内殻の円周と等しく（ボーアの原子モデル[*3]で記述される水素原子において，基底状態にある電子の軌道半径をとくに**ボーア半径**と定義する），さらに外殻の円周はその整数倍（n^2 倍．$n = 1, 2, 3, 4\cdots$）であることも示した．このように電子の存在状態を量子化する（電子を最小単位として捉え，

*2　通常，電子は，エネルギー準位的に安定した位置，すなわち原子核により近い位置に存在するほど原子核の正電荷の引力（クーロン力）に引きつけられて安定であり，これを「基底状態にある」という．外部から原子にエネルギーを与えたとき，電子は吸収したエネルギーに対応する外殻のエネルギー準位の位置に移動する．この状態を励起状態といい，このエネルギーを与えることを「励起する」という．また，基底状態から励起状態へ移ることを「遷移する」という．励起状態にある電子は不安定で，特定の波長の光を放出して元の安定な基底状態にもどる．このときに放出された光のスペクトラム（観測した光を分光分析するときに波長ごとに得られる強度の分布パターンをいう．1 電子が安定な基底状態にもどるときには，吸収したエネルギーを光子として放出する．通常，複数の電子が異なるエネルギーを吸収・放出するために，複数の波長が観察される）を原子スペクトラムという．また逆に，電子に光を与えて励起することもできる．

*3　第 2 周期を例にとると，Li（電子 3 個）から Ne（電子 10 個）まで電子は L 殻に存在する．Ne に向かうほど中心の陽子数は増加する（10 個）ため，静電的引力（クーロン力）も増加し，同一周期内では原子半径が小さくなる．同族では周期数が増加するにつれて半径は大きくなるので，原子半径が最少の原子は He である．とくに水素の原子半径をボーア半径（53 pm ＝ 53×10^{-12} m）という．

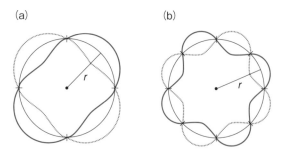

図 6.3 ド・ブロイ波の理論を取り入れたボーアの水素原子モデル
軌道上の電子の物質波は，定常波をつくるような条件で，安定に存在する．(a)
は $2\pi r = 2\lambda$ の場合，(b) は $2\pi r = 4\lambda$ の場合，λ は波長を示す．

連続的に変化する量を近似的に整数値にする）ことによって，電子がもつ**波動性**と**粒子性**を明確に説明できるようになった．ただし，このモデルに該当するのは電子が1個の水素原子だけで，それ以外の原子には当てはまらなかった．

1926年にドイツのシュレーディンガーは，ド・ブロイの提唱した物質波を元にして，量子力学の基本方程式である**波動方程式**を導き出した（図6.4）．この方程式から，ボーアの原子モデルの原子軌道には**主殻**（K，L，Mなど）と**副殻**（s，p，d，f など）が存在し，副殻にはスピンの方向の異なる電子が最大2個まで入ることが明らかとなった．

$$i\hbar\frac{\partial}{\partial t}\psi = \hat{H}\psi$$

主軌道	主量子数 n	電子数 $2n^2$	小軌道 l
K 殻	1	2	1s
L 殻	2	8	2s + 2p
M 殻	3	18	3s + 3p + 3d
N 殻	4	32	3s + 3p + 3d + 3f
O 殻	5	50	4s + 4p + 4d + 4f + 4g

図 6.4 シュレーディンガーの波動方程式

ここまで原子の構成を，とくに電子配置という観点から，科学史上の時系列に沿って簡単に解説した．この章で説明する化学結合は原子間の結合を意味し，結合の際に原子の外側に存在する電子が大きくかかわる．

▶ 6.3 イオンとイオン結合

6.3.1 イオン

まずイオンについて説明しよう．すでに概略的に述べたように，原子の構成は陽子と電子が同数で，電気的に中性である．ここから電子を失うか受け取るかして荷電状態になった原子または分子を**イオン**という．また，電気的に中性

の原子または分子から電子を引き抜くか付加するかして荷電させることを「イオン化する」という.

6.3.2 イオンの種類と表示
(1) イオンの種類

イオンには電荷によって**陽イオン**と**陰イオン**の2種類がある.

陽イオンは**カチオン**ともいう.「カソード（陰極）に向かうもの」という意味である. 電子を放出して正（＋）に帯電する. 陽イオンとなる原子はおもに金属原子であるが, 金属元素の種類によってイオン化の程度は異なり, そのなりやすさの程度を**イオン化傾向**という. イオン化傾向は, その元素の酸化還元電位（電子を脱離するために加える電圧）に依存し, この電位が低いほど高い. また, 水素イオン（H^+）と配位結合して陽イオンとなるアンモニアなどの分子も存在する.

陰イオンは**アニオン**ともいう.「アノード（陽極）に向かうもの」という意味である. 電子を受けとって陰イオンになる原子はそれほど多くなく, おもにハロゲン族の元素と酸素や硫黄など少数の非金属典型元素である. しかしながら, 金属および非金属の酸化物, 金属錯体[*4], 有機酸や核酸などの有機化合物で陰イオンになる物質は, 多種多様である.

イオンの構成によっても**単原子イオン**と**多原子イオン**の2種類がある.

単原子イオンとは, 金属原子やハロゲン原子のように, 原子が電子を放出または獲得することによって生じるイオンである.

多原子イオンとは, 複数の原子によって構成されるイオンで, **分子イオン**ともいう. とくに金属原子に他の分子が結合してイオンになったものを**錯イオン**といい, 生命科学分野においても重要な働きをする.

(2) イオンの表示

イオンを表すときは**イオン式**を用いる. イオン式は, イオン化した原子または分子名の右上に荷電数を付記する. ただし, 電荷が1のときは＋または－とだけ示す. たとえば

$$Na^+ \quad Cu^{2+} \quad Cl^- \quad O^{2-}$$

解離式（電離式）については, 塩化ナトリウム（NaCl）を例に説明しよう. 塩化ナトリウムを水に溶解すると, 次のように解離する.

$$NaCl \longrightarrow Na^+ + Cl^-$$

塩化ナトリウムのように溶液中でイオン化することを「電離する」ともいう. また, 溶液中でイオン化する物質を**電解質**という. 一方, 砂糖のように水に溶

[*4] 金属に他の原子が配位結合した化合物で, 配位子の電荷によって陰または陽イオン化する.

63

表6.1 代表的なイオン種

価数	陽イオン		陰イオン	
	名称	イオン式	名称	イオン式
1価	水素イオン	H^+	ヒドロキシイオン	OH^-
	ナトリウムイオン	Na^+	塩化物イオン	Cl^-
	カリウムイオン	K^+	酢酸イオン	CH_3COO^-
	アンモニウムイオン	NH_4^+	硝酸イオン	NO_3^-
	銀イオン	Ag^+	重炭酸イオン	HCO_3^-
2価	マグネシウムイオン	Mg^{2+}	酸化物イオン	O^{2-}
	カルシウムイオン	Ca^{2+}	硫化物イオン	S^{2-}
	亜鉛イオン	Zn^{2+}	炭酸イオン	CO_3^{2-}
	銅（II）イオン	Cu^{2+}	硫酸イオン	SO_4^{2-}
3価	アルミニウムイオン	Al^{3+}	リン酸イオン	PO_4^{3-}
	鉄（III）イオン	Fe^{3+}	ヘキサシアニド鉄（III）イオン	$[Fe(CN)_6]^{3-}$

解してもイオン化しない物質を**非電解質**という。両者を区別するには，文字通り水溶液に電流を流してみるとよい。イオン化する化合物の水溶液では電流が流れるのに対して，イオン化しない非電解質水溶液では電流が流れない。

生体内に存在する物質には，溶液中でイオン化する塩化ナトリウムのような無機塩類やタンパク質のような高分子性物質と，イオン化しない糖類などのような非電解質性物質が共存し，ともに重要な働きをしている。**表6.1**に代表的なイオン種を挙げる。

(3) イオンから構成される物質の表示

イオンから構成される物質（**イオン性化合物**）は，イオンの種類とその数の割合を最小の整数比で示す**組成式**で表される。この物質は正負の電荷が等しく，電気的に中性であるため，次の式が成り立つ。

陽イオンの価数 × 陽イオンの数 ＝ 陰イオンの価数 × 陰イオンの数

塩化亜鉛を例に説明しよう。陽イオンは亜鉛イオン（Zn^{2+}），陰イオンは塩化物イオン（Cl^-）である。ここで陽イオンの価数は2，陰イオンの価数は1なので，最少の整数比で上の式を満たすために

陽イオンの価数（2）× 陽イオンの数（1）＝ 陰イオンの価数（1）× 陰イオンの数（2）

となる。したがって組成式は $ZnCl_2$ と表される。

多原子イオンの数が2以上のときは，そのイオンの価数を除いて（　）でくくり，イオン数を右下につける。たとえば $(NH_4)_2SO_4$，$Fe(OH)_2$ と表される。

イオンによって構成される物質の名称は，最初に陰イオン，ついで陽イオン

の順で示される．たとえば NaCl は塩化ナトリウ
ム，NaOH は水酸化ナトリウ
ム，Na_2O は酸化ナトリウムと表される．

(4) 化学式

参考に，化学式の種類についても説明しよう．化学式には次のものがある
（**表 6.2** に酢酸を例にして示す）．

- **分子式** 分子を構成する原子の種類と個数を表示する．
- **組成式** 分子を構成する原子の種類の構成比を表示する．
- **示性式** 分子内での原子の配置を示す．
- **構造式** 分子内での原子の配置をその立体構造がわかるように示す．
- **電子式（ルイス構造式）** 原子間での共有電子と非共有電子の位置を示す．価電子[*5]の総数，原子の配置，原子間の電子対の配置，周辺原子のオクテット則[*6]の充足．

表 6.2 化学式の種類

種類	表記法（例：酢酸）
分子式	$C_2H_4O_2$
組成式	CH_2O
示性式	CH_3COOH
構造式	（構造式図）
電子式（ルイス構造式）	（ルイス構造式図）

6.3.3 イオン結合

ナトリウムと塩素の原子構造を**図 6.5** に示す．ナトリウム原子では，最外殻に位置する M 殻の 1 電子が原子構造上，不安定である．ナトリウム原子にとって最も安定な構造は，この 1 電子が脱離した，すなわち L 殻まで電子で満たされた第 2 周期の希ガスに属するネオン（Ne）の原子構造である．これに対して，塩素原子の最外殻に位置する M 殻の電子数は 7 で，こちらも構造上，不安定である．M 殻にもう 1 電子あれば，こちらは第 3 周期の希ガスに属するアルゴン（Ar）の安定な原子構造をとることができる．そこで，ナトリウム原子は 1 電子を放出して正電荷をもつ陽イオンに，対照的に塩素原子はナトリウムが放出した 1 電子を受け取って負電荷をもつ陰イオンになると，両者は安定する．陽イオンと陰イオンが電気的な引力[*7]で互いに引き合う結合を**イオン結合**という．

NaCl のイオン結合はその結晶に見られるように強固であるが，水に入れると簡単に溶解してナトリウムイオンと塩化物イオンに解離する．これは，電気的に正負に分極した極性溶媒の水分子が Na と Cl のそれぞれと電気的な引力で引き合い，この引力が Na と Cl との間のイオン結合力よりも大きくなるためである（次頁の column「イオン結合と水和」を参照）．一方，Ca, Sr, Ba などのアルカリ土類金属の硫酸塩の水に対する溶解度はきわめて低い．これは，水分子の静電気力よりもこれらの金属の硫酸塩のイオン結合力が高いためと考えられる．ただし，同じアルカリ土類金属の Mg の硫酸塩が水に易溶性であることから，その機構はよくわかっていない．

[*5] 最外殻電子数で，各周期の希ガスでは 0 とする（B：3，C：4，N：5，O：6，F：7，Ne：0）．

[*6] 八隅説ともいう．第 2 周期の原子（とくに C, N, O, F）と第 3 周期の Na と Mg に関しては，結合にかかわる最外殻電子数が希ガスの Ne と同じ 8 個になると安定化するという理論．

[*7] 静電気力またはクーロン力という．下のクーロンの法則によれば，電荷を帯びた粒子間ではその電荷の積に比例し，距離の 2 乗に反比例する．そして異符号の電荷間では引き合う引力が，同符号の電荷間では反発する斥力が生じる．
$F = k\dfrac{q_1 q_2}{r^2}$（$k$：比例定数，$q_1$, q_2：電荷の大きさ，r：2 粒子間の距離）

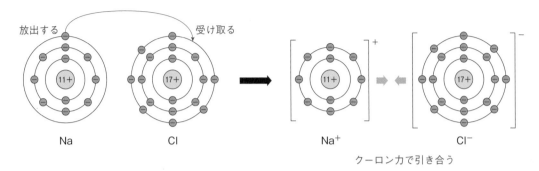

放出する　受け取る

Na　Cl　Na⁺　Cl⁻

クーロン力で引き合う

図6.5　ナトリウムと塩素の原子構造とイオン結合

6.3.4　イオン結晶
(1)　イオン結晶の構造

　ある物質を構成する粒子が規則正しく配列してできた固体を**結晶**という．イオン性化合物において，これを構成する異符号のイオン同士がクーロン力で規則正しく結合して生じた固体を**イオン結晶**という．イオン結晶の特性は，硬度は高いが脆い．これは，イオン結晶に強い力を加えると，結晶内で粒子のずれた面が生じ，そこに位置するイオンが同符号同士になって斥力（反発する力）が生じるためである（**図6.6**）．イオン結晶は，イオン同士の結合力が強いために，融点が高いものが多い．結晶の電気伝導性は低いが，水溶液や加熱による

---

column　イオン結合と水和

　塩化ナトリウムを水に溶解するとナトリウムイオンと塩化物イオンに解離することは，本文で述べた．それなら両者は水溶液中でイオン結合をしないのだろうか，という疑問が浮かぶかもしれない．また，塩酸と水酸化ナトリウム溶液を混合すると，中和反応によって水素イオンとヒドロキシイオン（水酸化物イオン）がただちに結合して水になるのとは対照的に，ナトリウムイオンと塩化物イオンはイオンのままで水溶液中に存在しているのは不思議に思うかもしれない．

　これは，極性分子である水分子が，ナトリウムイオンに対しては負に帯電した酸素部分で，塩化物イオンに対しては正に帯電した水素部分で電気的に結合して取り囲み，ナトリウムイオンと塩化物イオンとのイオン結合を切り離し，水に溶解するからと考えられている．これを**水和**という．塩化ナトリウムは20℃で

100 gの水に約35 g溶解するので，約0.6 mol分子の食塩（0.6 molのナトリウムイオンと0.6 molの塩化物イオン）を少なくとも5.6 mol分子以上の水で水和していることになる．

　これとは対照的に，水素イオンとヒドロキシイオンは中和反応でただちに水分子になる．これは水のイオン積でも明らかなように，中性の水に含まれる水素イオンとヒドロキシイオンの濃度はともに 10^{-7} mol/Lときわめて微量しか存在しないので（7章参照），酸とアルカリの反応で生じた等量の水素イオンとヒドロキシイオンは，ただちに結合して水になるからである．この結合は，イオン結合ではなく共有結合である．

　一方，塩化ナトリウムの結晶が水に溶解する理由は，ナトリウムイオンと塩化物イオンの結合力よりも水分子の水素結合力が強いためである．

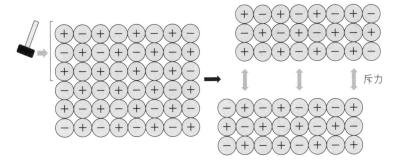

図6.6　イオン結晶が脆い理由

融解液には通電性がある．この現象は，加熱によって液体化するとイオンが自由に動けるようになるためである．

(2) イオン結晶の種類

　構成する陽イオンと陰イオンの組合せによって多種類のイオン結晶が存在する．代表的なものを**表6.3**に挙げる．イオン結晶は，食塩である塩化ナトリウムをはじめとして，私たち人間の生活にとって必要不可欠な物質である．イオン結晶の用途の例を**表6.4**に挙げる．

(3) イオン結晶の単位格子

　イオン化合物は結晶構造をとるが，その結晶構造では，同じ原子または原子団が周期的に格子状に配列する．そこで，その配列を立体的に表したものを**結晶格子**と呼んでいる．以下に代表的な5種類のイオン結晶の構成単位である**単位格子**を示す（**図6.7**）．

(a) 塩化セシウム（CsCl）型

　Cs^+ および Cl^- ともに単純立方格子で，対イオンを中心とした体心立方格子とみなすこともできる．配位数：$Cs^+(8)$，$Cl^-(8)$．単位格子中の各原子数：1．

表6.3　代表的なイオン結晶

1価＼1価	F^-	Cl^-	CH_3COO^-	2価＼1価	F^-	Cl^-	CH_3COO^-
Na^+	NaF	NaCl	CH_3COONa	Mg^{2+}	MgF_2	$MgCl_2$	$(CH_3COO)_2Mg$
K^+	KF	KCl	CH_3COOK	Ca^{2+}	CaF_2	$CaCl_2$	$(CH_3COO)_2Ca$
Ag^+	AgF	AgCl	CH_3COOAg	Cu^{2+}	CuF_2	$CuCl_2$	$(CH_3COO)_2Cu$
NH_4^+	NH_4F	NH_4Cl	CH_3COONH_4	Fe^{2+}	FeF_2	$FeCl_2$	$(CH_3COO)_2Fe$
1価＼2価	S^{2-}	CO_3^{2-}	SO_4^{2-}	3価＼2価	S^{2-}	CO_3^{2-}	SO_4^{2-}
Na^+	Na_2S	Na_2CO_3	Na_2SO_4	Fe^{3+}	Fe_2S_3	—	$Fe_2(SO_4)_3$
K^+	K_2S	K_2CO_3	K_2SO_4	Al^{3+}	Al_2S_3	$Al_2(CO_3)_3$	$Al_2(SO_4)_3$
Ag^+	Ag_2S	Ag_2CO_3	Ag_2SO_4				
NH_4^+	$(NH_4)_2S$	$(NH_4)_2CO_3$	$(NH_4)_2SO_4$				

表6.4　イオン結晶の用途例

イオン結晶	組成式または示性式	用途例
炭酸水素ナトリウム	$NaHCO_3$	浴剤，消火剤，pH 調整剤
クエン酸三ナトリウム	$Na_3(C_3H_5(COO)_3)$	食品添加剤，抗血液凝固剤
塩化カリウム	KCl	肥料，固化防止剤
塩化アンモニウム	NH_4Cl	肥料，皮革なめし剤，媒染剤
硫酸バリウム	$BaSO_4$	造影剤
硫酸カルシウム	$CaSO_4$	石膏ボード，漢方薬（生薬名：石膏）
酸化マグネシウム	MgO	医薬品（便秘薬）
硫酸ナトリウム	Na_2SO_4	浴剤，漢方薬（生薬名：芒硝）
硝酸銀	$AgNO_3$	写真感光剤，分析試薬
酸化鉄（Ⅲ）	Fe_2O_3	顔料，化粧品原料
硫酸銅	$CuSO_4$	分析試薬原料，殺菌剤
酸化亜鉛	ZnO	医薬品，半導体原料
硫酸アルミニウム	$Al_2(SO_4)_3$	凝集剤，皮革なめし剤，媒染剤

(a) 塩化セシウム型

○ Cs^+　○ Cl^-

(b) 塩化ナトリウム型

○ Na^+　○ Cl^-

(c) 閃亜鉛鉱型

○ Zn^+　○ S^-

(d) 蛍石型

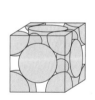

○ Ca^{2+}　○ F^-

(e) ルチル型

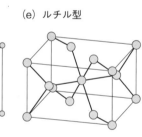

○ Ti　○ O_2

図6.7　イオン結晶の代表的な単位格子

(b) 塩化ナトリウム (NaCl) 型

Na^+ および Cl^- ともに面心立方格子．配位数：Na^+(6)，Cl^-(6)．単位格子中の各原子数：4．

(c) 閃亜鉛鉱 (ZnS) 型

Zn^{2+} および S^{2-} ともに面心立方格子．配位数：Zn^{2+}(4)，S^{2-}(4)．単位格子中の各原子数：4．

(d) 蛍石（CaF₂）型

Ca^{2+} は面心立方格子，F^- は単純立方格子．配位数：$Ca^{2+}(8)$，$F^-(4)$．単位格子中の原子数：$Ca^{2+}(4)$，$F^-(8)$．

(e) ルチル（TiO₂）型

Ti^{4+} は体心立方格子，O^{2-} は六方最密構造．配位数：$Ti^{4+}(6)$，$O^{2-}(3)$．単位格子中の原子数：$Ti^{4+}(3)$，$O^{2-}(6)$．

▶ 6.4 共有結合

6.4.1 共有結合とは

共有結合は，原子間で互いの不対電子を供給することで電子対（2電子）を共有する化学結合であり，その結合力はきわめて強い．炭素を含む有機化合物は，共有結合によって構成原子が互いに結合している．第2周期の典型元素では，炭素原子に代表されるように，共有結合する2原子の最外殻電子数が相互にオクテット則（＊6参照）を満たすのが特徴である（図6.8）．ホウ素（B）の最外殻電子は3個で，BF_3 は6電子で安定するが，さらに外部から1電子を取り込んで，BF_4^- または BH_4^- のようにオクテット則の8電子を満たした陰イオンとしても存在する．

一方の原子の非共有電子対から他方の原子へ電子が供給される**配位結合**も共有結合に含まれる．アンモニウムイオン（NH_4^+：NH_3 と H^+），オキソニウムイオン（H_3O^+：H_2O と H^+），ヘキサシアニド鉄（Ⅲ）酸カリウム〔$K_3[Fe(CN)_6]$：CN^- の非共有電子対が Fe^{3+} に供給される〕のような**錯体**などが配位結合をもつ（図6.9）．

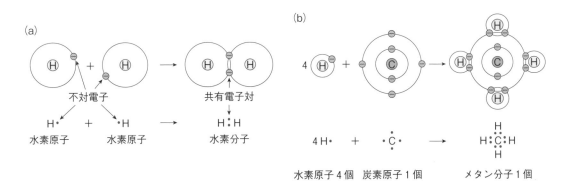

図6.8 共有結合の仕組み
（a）水素分子，（b）メタン分子．

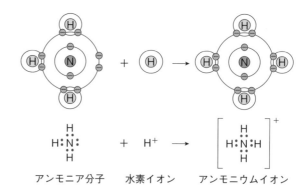

アンモニア分子　　　水素イオン　　　アンモニウムイオン

図6.9　アンモニウムイオンの配位結合の仕組み

6.4.2　電子軌道

　共有結合は2個の原子が互いに電子を共有してできる結合である．共有結合を理解するためには，電子が電子殻でどのような状態で存在するかを理解することが大切である．6.2節で述べたように，ボーアの原子モデルとシュレーディンガーの波動方程式から導き出されたのは，量子力学的に安定な電子の分布状態である．

　量子力学では，原子やそれを構成する電子，陽子，中性子などの超微細な物理現象を扱うため，観測や測定から得られる実験値が重要な意味をもつ．実験値を裏づける波動関数を得るために，関与するエネルギーの固有状態を設定して，これを量子化[*8]する必要がある．電子のエネルギー固有状態は次の四つの量子数で表される（**表6.5**）．

- **主量子数**　電子殻を表す（n），$n = 1, 2, 3, \cdots\cdots$．K，L，M殻，……に対応する．
- **方位量子数**　軌道角運動量量子数（l），$l = 0, 1, 2, \cdots\cdots, n-1$．s，p，d，……軌道に対応する．
- **磁気量子数**　軌道磁気量子数（m_l），$m_l = 1, \cdots\cdots, \pm(l-1), \pm l$
- **スピン量子数**　（m_s），$m_s = \pm 1/2$

　4章の復習になるが，電子は原子内でどのように存在しているだろうか．電子は最も安定な状態で存在するために，原子核の周囲の**外殻**と呼ばれる**電子殻**（原子核を取り巻く電子の軌道）に決まった数だけ存在し，その数を超えた電子はさらに外側の電子殻へと移行する．電子殻は，核に近いエネルギー準位の低いものから外側へ向かって，K殻（2），L殻（8），M殻（18），N殻（32），……と命名されている（カッコ内はその殻の最大収容電子数$2n^2$．nは殻の主量子数で，K，L，M，N，……にそれぞれ1，2，3，4，……を当てる）（**表**

＊8　量子は物理現象における物理量の最小単位で，これを数えられる物として扱うために整数値化することを「量子化する」という．量子数は，量子力学において量子の状態を識別するための番号である．

表 6.5　量子数の種類

主量子数 n	電子殻	方位量子数 l	小軌道	磁気量子数 m_l	収容電子数
1	K 殻	0	1s	0	2
2	L 殻	0	2s	0	2
		1	2p	$-1,\ 0,\ 1$	6
3	M 殻	0	3s	0	2
		1	3p	$-1,\ 0,\ 1$	6
		2	3d	$-2,\ -1,\ 0,\ 1,\ 2$	10
4	N 殻	0	4s	0	2
		1	4p	$-1,\ 0,\ 1$	6
		2	4d	$-2,\ -1,\ 0,\ 1,\ 2$	10
		3	4f	$-3,\ -2,\ -1,\ 0,\ 1,\ 2,\ 3$	14
5	O 殻	0	5s	0	2
		1	5p	$-1,\ 0,\ 1$	6
		2	5d	$-2,\ -1,\ 0,\ 1,\ 2$	10
		3	5f	$-3,\ -2,\ -1,\ 0,\ 1,\ 2,\ 3$	14
6	P 殻	0	6s	0	2
		1	6p	$-1,\ 0,\ 1$	6
		2	6d	$-2,\ -1,\ 0,\ 1,\ 2$	10
7	Q 殻	0	7s	0	2
		1	7p	$-1,\ 0,\ 1$	6

4.2 参照）．電子殻には，さらに電子が安定して分布するための s, p, d および f 軌道と呼ばれる**小軌道**（**副電子殻**と表記することもある）が存在する．原子の最も内側に位置する K 殻は最小半径で，陽子による正のクーロン力の影響を最も強く受けるため，この電子殻には 2 個の電子を収容する s 軌道（1s 軌道．K 殻の主量子数の 1 をつける）だけである．次の L 殻には，s 軌道（2s 軌道）に加えて，配位の異なる三つの軌道（p_x, p_y, p_z）から構成される小軌道の 2p 軌道が存在する．この三つの軌道はそれぞれ 2 個の電子を収容する．したがって L 殻には合わせて最大 8 個の電子が収容可能である．L 殻の外側の M 殻には，3s および 3p 軌道に加えて，配位の異なる五つの軌道から構成される 3d 軌道が存在し，10 個の電子を収容する．その結果，M 殻には最大 18 個の電子が収容可能になる．典型的な s, p, d 軌道は図 4.10 を見直してほしい．電子殻は，外側に存在するものほど（主量子数が大きいものほど）分布範囲が拡大するため，それに付随する小軌道も拡大する（1s ＜ 2s ＜ 3s ＜ 4s ＜ 5s ……，2p ＜ 3p ＜ 4p ＜ 5p ……など）．

　ここで，同じ軌道にマイナスの電荷をもつ電子が 2 個入って反発しないのだろうか，という疑問が生じるかもしれない．通常，ループ状に流れる電流，磁石，原子，電子，惑星などの回転する粒子には**磁気モーメント**が発生する．磁

気モーメントはベクトル量で，大きさと方向性をもつ．粒子の磁気モーメントの向きは，その粒子のスピン（自転）の向きによって決まる．これは**アンペールの法則**または**右ねじの法則**を用いて考える．外周のコイルを時計回りに電流が流れるとき，回転軸に沿って下方に磁気モーメントが発生する．電子は波動性とともに粒子性をもつので，回転軸に沿って磁気モーメントが発生するが，この磁気モーメントの方向は通常と逆である．この逆転の原因は，電子が負に帯電するために電子の周囲を流れる電流が逆方向に流れるためと考えられている．右回りの電子を上向きのスピン（**αスピン**），左回りの電子を下向きのスピン（**βスピン**）という．

　そこで先ほどの疑問に対しては，小軌道に収容される電子2個はスピンの方向が異なる組合せになっているために反発しないと答えることができる．磁石と同様に，スピンの向きが異なる電子間には磁気による引力が生じ，これが2個の電子間での静電的斥力に勝るのである（**図6.10**）．このように，同じ軌道に2個目の電子が入るときはスピンの向きが逆でなければならない．これを**パウリの排他原理**という．また，一つの軌道にスピンの向きが同じ2電子が存在するときは**平行**，スピンの向きが異なる2電子が存在するときは**反平行**の状態にあるという．電子が電子殻に入るとき，同じエネルギー準位の空の軌道があれば，そこにスピンの向きを平行にして入る．これを**フントの規則**という．

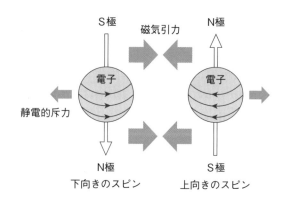

図6.10　同じ軌道内で電子同士が反発しない理由
通常，回転粒子で発生する磁気モーメントの向きが電子では逆になる．その理由は，電子がもつ負の電荷によって回転方向とは反対の電流が流れるためである．自転方向が異なる2個の電子に生じる磁気モーメントの向きが逆になり，その結果生じた電子間の磁気引力が静電的斥力に勝る．

6.4.3　混成軌道

　混成軌道は，原子が他の原子と共有結合をするときに新たに形成される電子軌道で，最外殻のs軌道とp軌道（遷移金属ではd軌道とf軌道）から構成さ

れる．炭素や窒素などの非金属系典型元素の共有結合を理解するうえでとくに重要な電子軌道である．炭素原子では共有結合のために最外殻のL殻においてsp，sp^2およびsp^3の3種類のsp混成軌道が形成される．この項では炭素原子を例に挙げて説明する．

(1) sp^3混成軌道

sp^3混成軌道は，たとえば炭素原子では，他の4原子と共有結合（σ結合[*9]）するために，L殻のs軌道一つとp軌道三つから構築された四つの電子軌道である．結合した4原子を結ぶと四面体を形成する．水素原子4個を共有結合したメタン分子（CH_4）では，炭素原子はsp^3混成軌道を形成して，新たに生じた四つの軌道で水素原子の1s軌道と共有結合する（**図6.11**）．窒素や酸素のように非共有電子対（孤立電子対）をもつ原子では，2電子をもつ軌道は，他の原子と共有結合した軌道と同じ扱いになる．また配位結合は，この非共有電子対の軌道を無電子の軌道をもつ原子と共有することによって生じる．

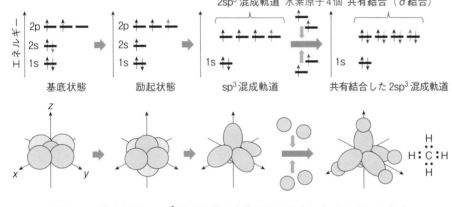

図6.11　炭素原子のsp^3混成軌道と水素原子の結合によるメタンの生成
上段は電子配置，下段は電子軌道のイメージ図．

(2) sp^2混成軌道

sp^3混成軌道は，たとえば炭素原子では，他の3原子と共有結合（σ結合）するために，L殻のs軌道一つとp軌道二つから構築された三つの電子軌道である．エチレン分子（$CH_2=CH_2$）では，二つの炭素分子はそれぞれsp^2混成軌道を形成して，2個の水素原子と隣り合う炭素原子がσ結合する．また，残りのp軌道は互いにπ結合[*10]する（**図6.12**）．

(3) sp混成軌道

sp^3混成軌道は，たとえば炭素原子では，他の2原子と共有結合（σ結合）するために，最外殻のs軌道一つとp軌道一つから構築された二つの電子軌道で

*9　シグマ結合と読む．互いに結合軸方向の原子軌道同士による結合．s軌道のsにあたるギリシャ文字から命名された．次の軌道間で形成される．s軌道同士，p軌道同士，sp^0混成軌道同士および混成軌道とs軌道の間，p_z軌道同士，p_z軌道とdz^2軌道の間．

*10　パイ結合と読む．分子内で隣り合った原子の電子軌道のローブの重なりによってできる化学結合．p軌道のpにあたるギリシャ文字から命名された．π結合はp軌道の電子に由来するために，エネルギー準位が高く，δ結合と比較すると結合力が弱い．分子内の二重結合および三重結合は，一つがδ結合，残りはπ結合から構成される．π結合を構成するp軌道の軸はδ結合の軸と直角に交差する．そして隣り合った原子の平行に配列したp軌道との重なりによって生じるが，それは二つの軌道が縦方向に一次結合し，δ結合よりも長いためである．π結合上の電子をときにπ電子ともいう．ベンゼン分子の共鳴も，このπ電子に起因する．

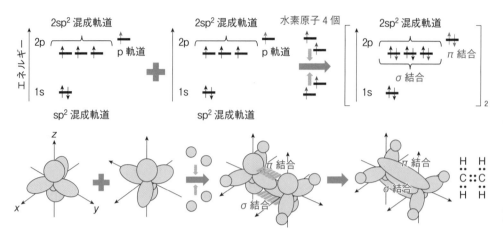

図6.12　炭素原子の sp² 混成軌道と水素原子との結合によるエチレンの生成
上段は電子配置，下段は電子軌道のイメージ図.

ある．アセチレン分子（CH≡CH）では，2個の炭素原子はそれぞれ sp 混成軌
道を形成して，1個の水素原子と隣り合う炭素原子が σ 結合する．また，残り
の二つの p 軌道は互いに π 結合する（**図6.13**）.

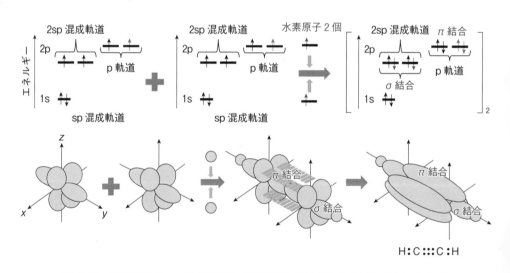

図6.13　炭素原子の sp 混成軌道と水素原子との結合によるアセチレンの生成
上段は電子配置，下段は電子軌道のイメージ図.

(4)　その他の混成軌道

上記の sp 混成軌道以外に，**spd 混成軌道**および **sd 混成軌道**がある（図6.14）.
第3周期の典型元素では M 殻の spd 混成軌道が，第4周期以降の遷移金属で
は M 殻の d 軌道（3d）が N 殻の s 軌道よりもエネルギー準位が高く，M 殻の
d 軌道の分布が N 殻の s 軌道および p 軌道まで広がっているために，dsp 混成

軌道が生じる. 遷移金属で見られる混成軌道では最大 6 個（sd^5）の共有結合または配位結合が可能である.

混成軌道	軌道の形状（頂点の数）	化合物の例
sp	直線状（2）	C_2H_2
sp^2	三角形（3）	BCl_3, CO_2^-, NO_3^-
dsp^2（M/N 殻間）	平面正方形（4）	$[Cu(NH_3)_4]^{2+}$
sp^3	正四面体（4）	CH_4, NH_4^+, PO_4^{3-}, SO_4^{2-}, ClO_4^-
sp^3d（M 殻）	三方両錐体（5）	PCl_5, $AsCl_5$
d^2sp^3（M/N 殻間）	正八面体（6）	$[Fe(CN)_6]^{4-}$
sp^3d^2（M 殻）	正八面体（6）	SiF_6^{2-}, SF_6

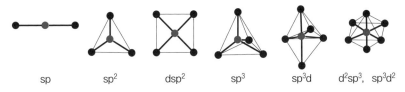

sp sp^2 dsp^2 sp^3 sp^3d d^2sp^3, sp^3d^2

図 6.14　さまざまな混成軌道

例題 1

次の原子の電子配置を小軌道に電子数を付して表しなさい.

$_5$B　$_6$C　$_7$N　$_8$O　$_9$F　$_{10}$Ne　$_{13}$Al　$_{14}$Si　$_{15}$P　$_{16}$S　$_{17}$Cl　$_{18}$Ar　$_{19}$K　$_{20}$Ca　$_{21}$Sc　$_{22}$Ti　$_{23}$V　$_{24}$Cr　$_{25}$Mn　$_{26}$Fe　$_{27}$Co　$_{28}$Ni　$_{29}$Cu　$_{30}$Zn

【解答】

原子	電子配置	原子	電子配置	原子	電子配置
$_5$B	$1s^22s^22p^1$	$_{15}$P	$1s^22s^22p^63s^23p^3$	$_{23}$V	$1s^22s^22p^63s^23p^63d^34s^2$
$_6$C	$1s^22s^22p^2$	$_{16}$S	$1s^22s^22p^63s^23p^4$	$_{24}$Cr	$1s^22s^22p^63s^23p^63d^54s^1$
$_7$N	$1s^22s^22p^3$	$_{17}$Cl	$1s^22s^22p^63s^23p^5$	$_{25}$Mn	$1s^22s^22p^63s^23p^63d^54s^2$
$_8$O	$1s^22s^22p^4$	$_{18}$Ar	$1s^22s^22p^63s^23p^6$	$_{26}$Fe	$1s^22s^22p^63s^23p^63d^64s^2$
$_9$F	$1s^22s^22p^5$	$_{19}$K	$1s^22s^22p^63s^23p^64s^1$	$_{27}$Co	$1s^22s^22p^63s^23p^63d^74s^2$
$_{10}$Ne	$1s^22s^22p^6$	$_{20}$Ca	$1s^22s^22p^63s^23p^64s^2$	$_{28}$Ni	$1s^22s^22p^63s^23p^63d^84s^2$
$_{13}$Al	$1s^22s^22p^63s^23p^1$	$_{21}$Sc	$1s^22s^22p^63s^23p^63d^14s^2$	$_{29}$Cu	$1s^22s^22p^63s^23p^63d^{10}4s^1$
$_{14}$Si	$1s^22s^22p^63s^23p^2$	$_{22}$Ti	$1s^22s^22p^63s^23p^63d^24s^2$	$_{30}$Zn	$1s^22s^22p^63s^23p^63d^{10}4s^2$

▶ 6.5　金属結合

6.5.1　金属結合とは

　金属原子はその単体において，価電子[*11] を自由電子[*12] として放出することで，正の電荷をもつ陽イオンと負の電荷をもつ自由電子として存在している. このように，金属内部の原子が放出した自由電子を媒体として，陽イオンがクーロン力によって規則正しく配列した状態にあることを**金属結合**という（図6.15）.

*11　原子価電子ともいう. 典型元素の価電子数は，その最外殻電子数に等しい. 金属結合にかかわるのはこの価電子だけであるが，遷移金属では M 殻と N 殻に位置する電子のエネルギー準位が逆転して，N 殻の電子が存在するにもかかわらず，M 殻の電子が価電子になるときがある（Cu^{2+} や Fe^{3+}）（図6.16）.

*12　原子の構成でも述べたように，電子は粒子と波の性質をもつので，確率的に金属単体内を雲状に存在している. 図6.15 に示すように，陽イオン化した金属原子間を電子が自由に移動できると考えると理解しやすい.

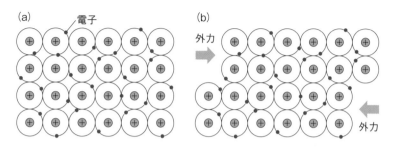

図 6.15　金属結合の構造と金属が展性や延性を示す仕組み
（a）金属原子の最外殻に存在する自由電子は，金属内の他の原子の最外殻軌道へも自由に
移動できる．（b）金属は，外力による原子配列の変化で変形しても金属結合は保持される
ので，展性や延性を示す．

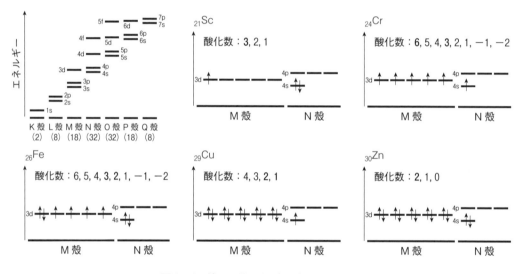

図 6.16　第 4 周期の遷移元素の電子軌道
酸化数の太字は安定な状態．

6.5.2　金属結晶

　金属結晶とは，金属元素の原子が金属結合して生じた結晶をいう．金属結晶
は金属元素の種類によって構成原子の配列が異なる．金属結晶を表すときは，
その組成式を用いる．たとえば，鉄は Fe，銅は Cu と表す．

（1）金属結晶の性質

　金属結晶の性質には次の 3 点が挙げられる．

- 電気および熱の伝導性が高い．
- 展性（たたいて箔にできる）と延性（引き延ばして細い線にできる）をもつ．
- 特有の金属光沢をもつ．金属に光があたると，金属表面に存在する自由電子
　がその光の振動数で振動した後，光を放出する．また，金属の種類によって

固有の光沢をもつが，これは金属によって可視光の波長領域（400～800 nm）での反射率が異なるためである．可視光の領域全体で反射する銀やアルミニウムでは銀白色に，銅のように 400～600 nm での反射が少ない（吸収されて熱に変わる）ものでは赤みを帯びた光沢を示す．

これらの性質は金属結晶内の自由電子によってもたらされている．したがって自由電子の数が多いほど，これらの性質は増大する．

(2) 典型元素と遷移元素

典型元素とは周期表の第 1，第 2 および第 12～18 族に属する元素である．金属元素と非金属元素からなり，オクテット則に従う場合が多い．典型元素に含まれる金属では，最外殻の価電子が自由電子になる．

遷移元素は第 3～11 族に属する元素で，すべて金属である．遷移元素は典型元素とは異なり，原子番号の増加に伴う電子の増加が，M 殻とその外殻に存在する d 軌道を完全に満たして閉殻することなく，その外殻の s 軌道および p 軌道に至る（ランタノイドとアクチノイドでは f 軌道に至る）．これは，遷移元素の最外殻電子が価電子ではなく，d 軌道または f 軌道の電子がその外殻の s 軌道および p 軌道にも分布することを意味する．この特性によって，遷移金属では金属結合中の自由電子が多くなる．遷移金属は内殻の d 軌道に存在する安定な不対電子[*13] によって常磁性を帯びるだけでなく，複数の酸化数をとることができるとともに，さまざまな配位子と結合して多様な錯体を形成することができる（**表 6.6**，**表 6.7**）．

6.5.3 金属の結晶構造

多数の金属原子が集合すると，規則正しく配列して結晶構造をとる．結晶構造では，同じ原子または原子団が周期的に格子状に配列するので，その配列を空間格子[*14] によって表し，これを**結晶格子**と呼んでいる．金属結晶には次の 3 種類の結晶格子が知られている（**図 6.17**）．

(a) 体心立方格子（body-centered cubic lattice，BCC）

配位数：8

単位格子中の原子数：2

原子間の距離：$\sqrt{3}a/2$（立方体格子の一辺の長さを a としたとき）

充填率：68%

常温でこの構造をとる金属原子には，アルカリ金属（Li，Na，K，Rb，Cs），第 5 族（V，Nb，Ta），第 6 族（Cr，Mo，W），Fe，Ba などがある．

[*13] 通常，電子軌道内の副軌道 s，p，d，f には，スピンの向きが異なる電子が 1 個ずつ，合わせて 2 個入るスペースが，それぞれ 1，3，5，7 カ所ある．このスペースに単独で存在する電子を不対電子という（6.4 節「共有結合」を参照）．

[*14] 同一平面上にない三つの基本ベクトル *a*，*b*，*c* によって表される格子点の配列．

表 6.6　遷移金属の電子配置と酸化数

第 4 周期

族	元素	3s	3p	3d	4s	酸化数
	最大電子数	2	6	10	2	
3	$_{21}$Sc	2	6	1	2	**3**, 2, 1
4	$_{22}$Ti	2	6	2	2	**4**, 3, 2, 1
5	$_{23}$V	2	6	3	2	**5**, 4, 3, 2, 1, −1
6	$_{24}$Cr	2	6	5	1	**6**, 5, 4, **3**, 2, 1, −1, −2
7	$_{25}$Mn	2	6	5	2	**7**, 6, 5, 4, **3**, 2, 1, −1, −1, −3
8	$_{26}$Fe	2	6	6	2	6, 5, 4, **3**, **2**, 1, −1
9	$_{27}$Co	2	6	7	2	5, 4, **3**, **2**, 1, −1
10	$_{28}$Ni	2	6	8	2	4, 3, **2**, 1, −1
11	$_{29}$Cu	2	6	10	1	4, 3, **2**, 1
12	$_{30}$Zn	2	6	10	2	**2**, 1, 0

第 5 周期

族	元素	4s	4p	4d	5s	酸化数
	最大電子数	2	6	10	2	
3	$_{39}$Y	2	6	1	2	**3**, 2, 1
4	$_{40}$Zr	2	6	2	2	**4**, 3, 2, 1
5	$_{41}$Nb	2	6	4	1	**5**, 4, 3, 2, −1
6	$_{42}$Mo	2	6	5	1	**6**, 5, 4, **3**, 2, 1, −1, −2
7	$_{43}$Tc	2	6	5	2	**7**, 6, 5, 4, **3**, 2, 1, −1, −3
8	$_{44}$Ru	2	6	7	1	8, 7, 6, 5, 4, **3**, 2, 1, 0, −1, −2
9	$_{45}$Rh	2	6	8	1	6, 5, 4, **3**, 2, 1, 0, −1
10	$_{46}$Pd	2	6	10	0	6, **4**, **2**, 1, 0
11	$_{47}$Ag	2	6	10	1	3, 2, **1**
12	$_{48}$Cd	2	6	10	2	**2**, 1

第 6 周期

族	元素	4f	5d	6s	酸化数
	最大電子数	14	10	2	
3	*				
4	$_{72}$Hf	14	2	2	**4**, 3, 2
5	$_{73}$Ta	14	3	2	**5**, 4, 3, 2, −1
6	$_{74}$W	14	4	2	**6**, 5, 4, 3, 2, 1, 0, −1, −2
7	$_{75}$Re	14	5	2	**7**, 6, 5, 4, 3, 2, 1, 0, −1, −1, −2
8	$_{76}$Os	14	6	2	8, 7, 6, 5, **4**, 3, 2, 1, 0, −1, −2
9	$_{77}$Ir	14	7	2	6, 5, **4**, 3, 2, 1, 0, −1, −3
10	$_{78}$Pt	14	9	1	6, 5, **4**, **3**, 2, 1, −1
11	$_{79}$Au	14	10	1	5, 4, 3, **2**, 1, −1, −2
12	$_{80}$Hg	14	10	2	4, **2**, 1

* ランタノイド (57～71) は省略。大字は安定な酸化数。

表 6.7　第 4 周期と第 5 周期の遷移金属元素の電子配置

第 4 周期の金属元素	電子配置	第 5 周期の金属元素	電子配置
$_{19}$K	$1s^2 2s^2 2p^6 3s^2 3p^6 4s^1$	$_{37}$Rb	$1s^2 2s^2 2p^6 3s^2 3p^6 3d^{10} 4s^2 4p^6 5s^1$
$_{20}$Ca	$1s^2 2s^2 2p^6 3s^2 3p^6 4s^2$	$_{38}$Sr	$1s^2 2s^2 2p^6 3s^2 3p^6 3d^{10} 4s^2 4p^6 5s^2$
$_{21}$Sc	$1s^2 2s^2 2p^6 3s^2 3p^6 3d^1 4s^2$	$_{39}$Y	$1s^2 2s^2 2p^6 3s^2 3p^6 3d^{10} 4s^2 4p^6 4d^1 5s^2$
$_{22}$Ti	$1s^2 2s^2 2p^6 3s^2 3p^6 3d^2 4s^2$	$_{40}$Zr	$1s^2 2s^2 2p^6 3s^2 3p^6 3d^{10} 4s^2 4p^6 4d^2 5s^2$
$_{23}$V	$1s^2 2s^2 2p^6 3s^2 3p^6 3d^3 4s^2$	$_{41}$Nb	$1s^2 2s^2 2p^6 3s^2 3p^6 3d^{10} 4s^2 4p^6 4d^4 5s^1$
$_{24}$Cr	$1s^2 2s^2 2p^6 3s^2 3p^6 3d^5 4s^1$	$_{42}$Mo	$1s^2 2s^2 2p^6 3s^2 3p^6 3d^{10} 4s^2 4p^6 4d^5 5s^1$
$_{25}$Mn	$1s^2 2s^2 2p^6 3s^2 3p^6 3d^5 4s^2$	$_{43}$Tc	$1s^2 2s^2 2p^6 3s^2 3p^6 3d^{10} 4s^2 4p^6 4d^5 5s^2$
$_{26}$Fe	$1s^2 2s^2 2p^6 3s^2 3p^6 3d^6 4s^2$	$_{44}$Ru	$1s^2 2s^2 2p^6 3s^2 3p^6 3d^{10} 4s^2 4p^6 4d^7 5s^1$
$_{27}$Co	$1s^2 2s^2 2p^6 3s^2 3p^6 3d^7 4s^2$	$_{45}$Rh	$1s^2 2s^2 2p^6 3s^2 3p^6 3d^{10} 4s^2 4p^6 4d^8 5s^1$
$_{28}$Ni	$1s^2 2s^2 2p^6 3s^2 3p^6 3d^8 4s^2$	$_{46}$Pd	$1s^2 2s^2 2p^6 3s^2 3p^6 3d^{10} 4s^2 4p^6 4d^{10}$
$_{29}$Cu	$1s^2 2s^2 2p^6 3s^2 3p^6 3d^{10} 4s^1$	$_{47}$Ag	$1s^2 2s^2 2p^6 3s^2 3p^6 3d^{10} 4s^2 4p^6 4d^{10} 5s^1$
$_{30}$Zn	$1s^2 2s^2 2p^6 3s^2 3p^6 3d^{10} 4s^2$	$_{48}$Cd	$1s^2 2s^2 2p^6 3s^2 3p^6 3d^{10} 4s^2 4p^6 4d^{10} 5s^2$
$_{31}$Ga	$1s^2 2s^2 2p^6 3s^2 3p^6 3d^{10} 4s^2 4p^1$	$_{49}$In	$1s^2 2s^2 2p^6 3s^2 3p^6 3d^{10} 4s^2 4p^6 4d^{10} 5s^2 5p^1$
$_{32}$Ge	$1s^2 2s^2 2p^6 3s^2 3p^6 3d^{10} 4s^2 4p^2$	$_{50}$Sn	$1s^2 2s^2 2p^6 3s^2 3p^6 3d^{10} 4s^2 4p^6 4d^{10} 5s^2 5p^2$
		$_{51}$Sb	$1s^2 2s^2 2p^6 3s^2 3p^6 3d^{10} 4s^2 4p^6 4d^{10} 5s^2 5p^3$

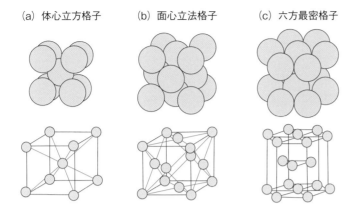

(a) 体心立方格子　　(b) 面心立法格子　　(c) 六方最密格子

図 6.17　金属結晶の結晶格子

(b) 面心立方格子 (face-centered cubic lattice, FCC)

配位数：12

単位格子中の原子数：4

原子間の距離：$\sqrt{2}a/2$（立方体格子の一辺の長さを a としたとき）

充填率：74%（六方最密構造と並んで単位体積あたりの充填率が最も高い）

第 9 族（Rh, Ir），第 10 族（Ni, Pd, Pt），第 11 族（Cu, Ag, Au），アルカリ土類金属（Ca, Sr），Al，Pb などがある．

(c) 六方最密構造 (hexagonal close-packed structure, HCP)

六方最密格子と呼ばれることもあるが，この構造の構成格子は正六角柱を上面から見て 3 等分にした四角柱（底面が菱形）である．通常，この構成格子三つを 1 単位とした六方最密構造として理解されている．

最近接原子数（配位数）：12

単位構造中の原子数：6

最接近原子間距離：a（六角形の一辺の長さ）

充填率：74%（面心立方格子と並んで単位体積あたりの充填率が最も高い）

第 2 族（Be, Mg），第 3 族（Sc, Y），第 4 族（Ti, Zr, Hf），第 8 族（Ru, Os），第 12 族（Zn, Cd），Co，Tc などがある．

練習問題

1. 原子の構造の解明とその歴史的背景について次の問いに答えなさい．

    a．原子モデルに初めて量子力学的モデルを取り入れたのは誰か．

    b．ド・ブロイ波の理論とはどのようなものか．

    c．電子が安定に存在する確率を求める式を得るために，量子力学の基本方程式である波動方程式を導出したのは誰か．

2. 次のイオンをイオン式で表しなさい.
   a．カリウムイオン　　b．鉄（Ⅱ）イオン
   c．酸化物イオン　　d．硫酸イオン

3. 次のイオンの名称を記しなさい.
   a．Mg^{2+}　　b．F^-　　c．PO_4^{3-}

4. 次のイオンの組合せから生じる物質の名称と組成式を記しなさい.
   a．Mg^{2+}とCl^-　　b．Ca^{2+}とPO_4^{3-}　　c．Fe^{3+}とSO_4^{2-}

5. NaClの結晶は図6.7（b）のような一辺が5.64 Å（Å = 10^{-8} cm）の単位格子から構成されている.
   a．単位格子あたり，Na^+とCl^-はそれぞれ何個含まれているか.
   b．Na^+とCl^-がつくる結晶格子の名称を述べなさい.
   c．Na^+に配位するCl^-の個数を求めなさい.
   d．NaClの結晶密度（g/cm³）を有効数字3桁で求めなさい. 原子量はNa 23.0，Cl 35.5，アボガドロ定数N_Aは6.02×10^{23}，$5.64^3 = 179.4$とする.

6. オクテット則について説明しなさい.

7. メタンの結合角を求めなさい.

8. 化合物$K_3[Fe(CN)_6]$〔ヘキサシアニド鉄（Ⅲ）酸カリウム〕における化学結合について説明しなさい. また，この化合物を電子式で表記しなさい.

9. 次の規則について説明しなさい.
   a．パウリの排他原理
   b．フントの規則

10. 次の化合物中で，カッコ内の原子がとる混成軌道は何か.
    a．$CH_2=CH_2$(C)　　b．NH_4^+(N)　　c．BCl_3(B)　　d．H_2O(O)

11. 面心立方格子の一辺の長さをaとするとき，配位数，単位格子中の原子数，原子間距離，充填率を求めなさい.

12. 六方最密格子の一辺の長さをa，側面の高さをcとするとき，最接近配位数，単位格子中の原子数，最接近原子間距離，充填率を求めなさい.

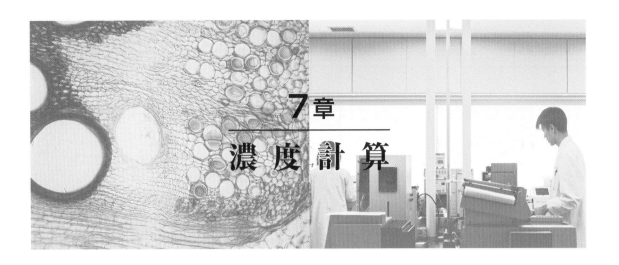

7章
濃度計算

　生命科学を専攻するみなさんは，大学で化学，生化学，分析化学などの講義とともに，それに関連した実験・実習を履修することになる．そこでは，投与する物質の濃度と，それに対する生物の応答を日常的に見ることになるだろう．したがって，物質の濃度を正確に計算することは，この分野ではきわめて重要である．この章では，高校までの教育課程で学んでいる基礎知識の復習を兼ねながら，生命科学の分野でよく使われる試薬類などを例に挙げて解説していこう．

▶ 7.1　物質量——原子量やモル数

　物質の基本構成単位である原子は，その質量が微小であるため，計量時の取扱いがきわめて煩雑である．物質の構成については3章と4章で述べられているので，そちらを参照してほしい．ここではまず，濃度計算に必要な用語について説明しよう．

- **原子量**　^{12}C 原子1個の質量を12としたとき，これに対する原子の相対質量をいう（相対比のため無単位）．原子の質量は，それを構成する陽子数と中性子数の総和で，整数値であるが，元素によって質量の異なる複数の同位体が存在し，その平均値として表されるため，小数値をとることがある．用語の中に質量の文字が入っていない点に注意．
- **分子量**　^{12}C 原子1個の質量を12としたとき，これに対する分子の相対質量をいう．1分子を構成する原子量の総和に等しい（相対比のため無単位）．用語の中に質量の文字が入っていない点に注意．
- **アボガドロ定数**　物質量1 molを構成する粒子（原子，分子，イオンなど）

の数を表す定数で，その値は $6.02214076 \times 10^{23}\,\mathrm{mol}^{-1}$．日本語では個数として表されるため，個/mol と考えがちであるが，数であるため無次元量で，単位はない．

アボガドロ定数 (mol^{-1}) ＝ 粒子数（原子，分子，イオン）÷ 物質量 (mol)

- **モル（mol，物質量）** 物質の量を表す物理量をいい，物質を構成する粒子数をアボガドロ定数の $6.02 \times 10^{23}\,\mathrm{mol}^{-1}$ で割った値である．

物質量 (mol) ＝ 粒子数（原子，分子，イオン）÷ アボガドロ定数 (mol^{-1})

物質量 (mol) ＝ 気体の体積 (L) ÷ $22.4\,\mathrm{L/mol}$

- **モル質量** 物質（原子または分子）1 mol あたりの質量（g）をいい，原子量または分子量に g/mol の単位をつけたものと等しい．

モル質量 $(\mathrm{g/mol})$ ＝ 物質の質量 (g) ÷ 物質量 (mol)

- **モル体積** 物質（原子または分子）1 mol あたりの体積（L）をいい，物質の種類にかかわらず，標準状態では $22.4\,\mathrm{L/mol}$ である．

気体の体積 (L) ＝ 物質量 $(\mathrm{mol}) \times 22.4\,\mathrm{L/mol}$

例題1

各原子の原子量を H：1.00，C：12.0，N：14.0，O：16.0，Na：23.0，S：32.1 とする．有効数字（2章参照）の桁数に注意して，次の各問に答えなさい．ただし，問題文に出てくる 50 g や 100 g などの数の 0 は，位取りを示す数ではなく，5.0×10^1 や 1.00×10^2 など有効数字として扱う．

問1. 次の個数を求めなさい．ただしアボガドロ定数を $6.02 \times 10^{23}\,\mathrm{mol}^{-1}$ とする．

a．3.00 mol の O_2 に含まれる O_2 分子

b．0.26 mol のグルコース（$C_6H_{12}O_6$）に含まれる C 原子

c．1.5 g の H_2SO_4 に含まれる O 原子

【解答】

a．$3.00 \times 6.02 \times 10^{23}$ ＝ 18.06×10^{23} ≒ 1.81×10^{24}

b．$0.26 \times 6 \times 6.02 \times 10^{23}$ ＝ 9.3912×10^{23} ≒ 9.4×10^{23}

c．$1.5 \div 98.1 \times 4 \times 6.02 \times 10^{23}$ ≒ 0.3681×10^{23} ≒ 3.7×10^{22}

問2. 次の物質量（mol）を求めなさい．

a．2.02×10^{23} 個の N_2 分子

b．38.3 L のアンモニア（NH_3）の H 原子

【解答】

a．$2.02 \times 10^{23} \div (6.02 \times 10^{23}) \fallingdotseq 0.3355 \fallingdotseq 3.36 \times 10^{-1}\,\mathrm{mol}$ または $0.336\,\mathrm{mol}$

b．$38.3 \div 22.4 \times 3 \fallingdotseq 5.129 \fallingdotseq 5.13 \times 10^{0}\,\mathrm{mol}$ または $5.13\,\mathrm{mol}$

問3. 次の質量を求めなさい．ただし気体については標準状態とする．

a．$3.25\,\mathrm{mol}$ の NH_3

b．$56\,\mathrm{L}$ の O_2

【解答】

a．$3.25 \times 17.0 = 55.25 \fallingdotseq 5.53 \times 10^{1}\,\mathrm{g}$ または $55.3\,\mathrm{g}$

b．$56 \div 22.4 \times 32.0 = 80 = 8.0 \times 10^{1}\,\mathrm{g}$ または $80\,\mathrm{g}$

問4. 次の体積を求めなさい．ただし気体については標準状態とする．

a．$2.5\,\mathrm{mol}$ の H_2

b．$24.5\,\mathrm{g}$ の NH_3

【解答】

a．$2.5 \times 22.4 = 56.0 = 5.6 \times 10^{1}\,\mathrm{L}$ または $56\,\mathrm{L}$

b．$24.5 \div 17.0 \times 22.4 = 32.28 \fallingdotseq 3.23 \times 10^{1}\,\mathrm{L}$ または $32.3\,\mathrm{L}$

▶ 7.2 モル計算

7.2.1 係数比と反応量の計算

物質は化学反応の前後で，それを構成する原子の種類と**物質量**（モル，mol）は変化しない．そこで**化学反応式**を立てることで，反応した物質と生成した物質の物質量を求めることができる．

化学反応式は，まず，左辺に反応する物質の化学式を，右辺に生成する物質の化学式を書き，両者を反応方向である右向きの矢印で結ぶ．一例として，メタンが完全に燃焼（酸化）すると二酸化炭素と水が生じるが，これを表すと次のようになる．

$$CH_4 + O_2 \longrightarrow CO_2 + H_2O \quad \cdots\cdots?$$

すでに述べたように，反応の前後で原子の種類と物質量は変化しないが，左辺の反応前の原子の種類と物質量は C：1 mol，H：4 mol，O：2 mol であるのに対し，右辺の生成物の原子の種類と物質量は C：1 mol，H：2 mol，O：3 mol である．原子の種類は両辺ともに C，H，O で同じであるが，両辺の物質量については，C は等量であるが，H と O は異なっている．上の化学式をよく眺め

てみると，C と H_4 がそれぞれ O_2 と反応することがわかる．したがって，次のように書き換えることができる．

$$C + O_2 \longrightarrow CO_2$$
$$H_4 + O_2 \longrightarrow H_2O \quad \cdots\cdots ?$$

C の酸化の反応式については両辺の物質量が等しいが，H_4 の酸化の反応式については両辺の物質量が合わない．両辺の原子の物質量が等しくなるには，右辺が $2H_2O$ であればよい．

$$H_4 + O_2 \longrightarrow 2H_2O$$

ここで二つの反応式を足すと

$$C + O_2 + H_4 + O_2 \longrightarrow CO_2 + 2H_2O$$

これを書き直して

$$CH_4 + 2O_2 \longrightarrow CO_2 + 2H_2O$$

この化学反応式から，1 mol のメタンは 2 mol の酸素と反応して 1 mol の二酸化炭素と 2 mol の水を生じることがわかる．ここで各物質の係数比（**モル比**）は，$CH_4 : 2O_2 : CO_2 : 2H_2O = 1 : 2 : 1 : 2$ であり，この割合はメタンや酸素のモル数が増加しても変化しない．したがって，正しい化学反応式があれば，この係数を用いて反応する物質の物質量を正しく求めることができる．

例題 2

a．エタノール（C_2H_6O）が完全に燃焼するときの反応を化学反応式で表しなさい．

b．燃焼したエタノールの質量が 115 g のとき，消費された物質と生成した物質の物質量を求めなさい．

【解答】

a．$C_2H_6O + 3O_2 \longrightarrow 2CO_2 + 3H_2O$

b．上の化学反応式中の各物質の係数比は，エタノール：酸素：二酸化炭素：水 $= 1 : 3 : 2 : 3$ で，エタノール 115 g の物質量（モル数）は，質量÷モル質量から求められるので，$115 \div 46.0 = 2.50$ mol である．また，エタノールが 2.50 mol のとき，エタノール：酸素：二酸化炭素：水 $= 1 : 3 : 2 : 3 = 2.5 : 7.5 : 5 : 7.5$ となる．各物質の質量はモル数にモル質量を乗じることで求められるので，酸素：$7.50 \times$

32.0 ＝ 240 g, 二酸化炭素：5.00 × 44.0 ＝ 220 g, 水：7.50 × 18.0 ＝ 135 g となる. 左辺（115 ＋ 240 ＝ 355）と右辺（220 ＋ 135 ＝ 355）で質量が等しくなることにも注意.

7.2.2 濃度計算

濃度計算にかかわる濃度には次の種類がある. 生命科学の分野では, 分析対象の物質の濃度を測定するために, 標準品の希釈系列を調製して物差しにすることが多いので, 以下の内容をしっかり把握してほしい.

(1) 成分の質量に対する濃度

- **質量百分率濃度（%）** 溶液 100 g に含まれる溶質の質量（g）を百分率で表した濃度.

  濃度（%）＝ 溶質の質量（g）÷溶液（溶質＋溶媒）の質量（g）× 100

- **質量百万分率濃度（ppm, parts per million）** 溶液 1,000,000 g（10^6 g）に含まれる溶質の質量（g）を百万分率で表した濃度.

  濃度（ppm）＝ 溶質の質量（g）÷溶液（溶質＋溶媒）の質量（g）× 10^6

  ただし気体は体積比, それ以外は質量比で表す. 1 ppm ＝ 0.0001%, 1 % ＝ 10000 ppm である. 水 1 m^3（質量換算で 1）に 1 g の NaCl を溶解したときの濃度が 1 ppm, 大気 1 m^3 に約 1 mL（cm^3）存在する希ガスのクリプトン（Kr）の濃度が約 1 ppm である.

(2) 成分の物質量に対する濃度

- **モル濃度（M ＝ mol/L）** 溶液 1 L に含まれる物質量（モル数）の濃度.

  モル濃度（M）＝ 溶質の物質量（mol）÷溶液の容量（L）

  生物系では, この単位が本当によく使われる. 英語で molar concentration（略語で「モーラー」と発音）と書く. 学生と研究のディスカッションをすると, 「モーラー」と「モル」をよく混同して使っている. 「1 モルの塩酸を使って」と「1 モーラーの塩酸を使って」では, 実験内容が異なるし, 意味がまったく違うので, よく理解し注意して使い分けてほしい.

- **質量モル濃度** 溶媒 1 kg に溶解する溶質の物質量（モル数）の濃度.

  質量モル濃度（mol/kg）＝ 溶質の物質量（mol）÷溶媒の質量（kg）

  溶媒の質量に溶質の質量は含まれないことに注意.

- **モル分率** 溶媒および溶質の物質量の総和に対する溶質の物質量の割合.

  モル分率 ＝ 溶質の物質量（mol）÷{溶媒の物質量（mol）
  ＋溶質の物質量（mol）}

  割合で示されるため, 無単位になることに注意.

(3) 密 度

- **密度** 単位体積あたりの質量. 液体と固体については g/cm³, 気体については g/L で表す.

密度 (g/cm³) = 物質の質量 (g) ÷ 物質の体積 (cm³)

同体積の水で割ったものを比重という (同一単位で割るため無単位).

例題 3

質量百分率濃度 55% のエタノール溶液 300 mL を調製しようとしたが, 試薬のエタノールを切らしていた. 幸い, 70% エタノール溶液 500 mL の入ったビンがあったので, これを希釈して調製することにした. どのように調製したらよいか.

【解答】

70% エタノール溶液 55 g に水を 15 g 混合すると 55% エタノール溶液になるので, 300 mL 程度を調製するためには 300 ÷ 70 ≒ 4.28, すなわちエタノールと水の混合比に 4 を乗じる. 70% エタノール溶液 220 g と水 60 g を混合すると, 280 g の 55% エタノール溶液が得られる. この溶液の比重は約 0.9 なので, 容量は約 310 mL になる.

例題 4

海水 1.0 t あたりに含まれる金の質量は 1.0 mg である. 金の濃度を質量百万分率 (ppm) で表しなさい. また, 海水に含まれる金を 100% 回収する方法が開発されたとして, 金 1.0 kg を得るために必要な海水は何 t か.

【解答】

質量百万分率 (ppm) = 溶質の質量 ÷ 溶液の質量 × 10^6. また, 金 1.0 (mg) = 1.0×10^{-3} g, 海水 1.0 t = 1.0 kg × 10^3 = 1.0×10^6 g なので, $1.0 \times 10^{-3} \div (1.0 \times 10^6) \times 10^6 = 1.0 \times 10^{-3}$ ppm または 0.0010 ppm.

海水から 1.0 kg の金を得るために必要な海水は 1.0 kg ÷ 1.0 mg × 1.0 t = $1.0 \times 10^3 \times 1.0 \times 10^3 \times 1.0 = 1.0 \times 10^6$ t

---

例題 5

メタノール (CH_4O) 60 M とブタノール ($C_4H_{10}O$) 30 M の混合液におけるメタノールのモル分率を求めなさい. メタノールとブタノールの密度は, それぞれ 0.79 g/cm³ と 0.81 g/cm³ とする.

【解答】
メタノールのモル数は $60 \times 0.79 \div 32 \fallingdotseq 1.48 \fallingdotseq 1.5$，ブタノールのモル数は $30 \times 0.81 \div 74 \fallingdotseq 0.328 \fallingdotseq 0.33$，モル分率は $1.5 \div (1.5 + 0.33) = 1.5 \div 1.83 \fallingdotseq 0.819 \fallingdotseq 0.82$

▶ 7.3　水素イオン濃度と pH

水溶液の酸性またはアルカリ性を示す指標として，**水素イオン濃度**を表す**pH**（ピーエッチと読む）が用いられている．生命科学の分野では pH が非常に重要な意味をもつ．生命を維持するうえで酵素の働きがとくに重要であることはすでに述べたが，溶液の pH が酵素活性に大きな影響を与えることは，この分野では常識である．そのため酵素に関する研究は，**緩衝液**と呼ばれる pH を一定に保つ特殊な溶液中で行われることが前提条件となっている．この節では水素イオン濃度と pH について概説し，緩衝液についても説明する．

7.3.1　水のイオン積

純水では，そのきわめてわずかな水分子が次式のように電離する．

$$H_2O \longrightarrow H^+ + OH^-$$

水素イオン濃度を $[H^+]$ M，ヒドロキシイオン濃度を $[OH^-]$ M で表すと，25 ℃ のとき

$$[H^+] = [OH^-] = 10^{-7}\,M$$

となる．両イオンの積を**水のイオン積** $[K_w]$ といい，次の式が成り立つ．

$$K_w = [H^+][OH^-] = 10^{-14}\,M^2$$

ここで両辺の対数をとると

$$\log_{10}K_w = \log_{10}[H^+][OH^-] = \log_{10}10^{-14}$$
$$\log_{10}K_w = \log_{10}[H^+] + \log_{10}[OH^-] = -14$$
$$-\log_{10}K_w = -\log_{10}[H^+] - \log_{10}[OH^-] = 14$$

$-\log_{10}K_w = pK_w$，$-\log_{10}[H^+] = pH$，$-\log_{10}[OH^-] = pOH$ とすると

$$pK_w = pH + pOH = 14$$

各項の単位は $pK_w = 14：M^2$，pH：M，pOH：M である．

対数では次の式が成り立つ.

$$X = a^b \text{ のとき}$$
$$\log_a X = \log_a a^b = b$$

a は**底**, X と b は**真数**という. ここでは底を 10 とする**常用対数**を用いており, 常用対数のときは 10 を省略することが多い.

$$X = 10^b \text{ のとき}$$
$$\log X = \log 10^b = b$$
$$\log(A \times B) = \log A + \log B, \quad \log(A \div B) = \log A - \log B$$

水のイオン積が $K_w = [H^+][OH^-] = 10^{-14}\,M^2$ の式で表されるなら, 水素イオン濃度が $0.10\,M$ $(1.0 \times 10^{-1}\,M)$ のときの pH は 1.0, $1.0\,M$ $(1.0 \times 10^0\,M)$ のときの pH は 0.0, $10\,M$ $(1.0 \times 10^1\,M)$ のときの pH は -1.0 となり, 0 から 14 で表示される pH の範囲から外れてしまう. また, この範囲を超えた pH が通常の生命科学の分野で扱われることはほとんどない. したがって以降では pH 0 ~ 14 の範囲内で説明する.

7.3.2 希薄な強酸水溶液の pH の求め方

強酸は $0.1\,M$ 以下の水溶液では, ほぼ 100 % が解離すると考えてよい. 塩酸と硫酸を例に pH を求めよう.

- **HCl, 0.10 M**

  $HCl \longrightarrow H^+ + Cl^-$ となり, $[HCl] = [H^+] = [Cl^-] = 0.1\,M$
  ここで pH $= -\log[H^+]$ なので, $0.1\,M$ を代入すると
  $$pH = -\log[H^+] = -\log 0.10 = -\log 1.0 \times 10^{-1} = 1.0$$

- **HCl, 0.010 M**

  同様に $0.010 = 1.0 \times 10^{-2.0}$ を代入すると
  $$pH = -\log[H^+] = -\log 0.010 = -\log 1.0 \times 10^{-2.0} = 2.0$$

- **HCl, 0.050 M**

  同様に $0.050 = 5.0 \times 10^{-2}$ を代入すると
  $$pH = -\log[H^+] = -\log 0.05 = -\log(5.0 \times 10^{-2}) = 2 - \log 5$$
  $$= 2 - 0.699 = 1.31 \fallingdotseq 1.3$$

- **H$_2$SO$_4$, 0.10 M**

  硫酸の水溶液も 100 % 解離するので, 解離式は $H_2SO_4 \longrightarrow 2H^+ + SO_4^{2-}$ となり, 水溶液中で生じる水素イオン濃度が 2 倍になるので
  $$[H^+] = 0.20\,M, \quad [H_2SO_4] = [SO_4^{2-}] = 0.10\,M$$
  ここで pH $= -\log[H^+]$ なので, $0.20\,M$ を代入すると

$$pH = -\log[H^+] = -\log 0.20 = -\log(1 \div 5) = \log 5 = 0.699 \fallingdotseq 0.70$$

例題 6

次の強酸水溶液と強アルカリ水溶液（溶液中で完全に解離するものとする）の pH を $\log 5 = 0.699$ として求めなさい.

a．塩酸（HCl），0.0200 M

b．水酸化ナトリウム（NaOH），0.100 M

【解答】

a．完全解離するので，水素イオン濃度は塩酸のモル濃度と等しい.

$$pH = -\log[H^+] = -\log 0.020 = -\log(1 \times 10^{-1} \div 5)$$
$$= 1 + \log 5 = 1 + 0.699 = 1.699 \fallingdotseq 1.70$$

b．強アルカリなので，pOH として強酸と同様に求めると

$$pOH = -\log[OH^-] = -\log 0.100 = -\log(1.00 \times 10^{-1}) = 1.00$$

pH ＋ pOH ＝ 14.00 なので

$$pH = 14.00 - pOH = 14.00 - 1.00 = 13.00$$

7.3.3　弱酸水溶液の pH の求め方

弱酸は強酸とは異なり，水溶液中ではその一部しか解離していない．ここでは弱酸を HA として説明する.

$$HA \rightleftharpoons H^+ + A^-$$

弱酸 HA の濃度を c，**解離度**（溶液中での解離率）を a とする（**表7.1**）.

表7.1　弱酸の水溶液中での解離

	HA	H^+	A^-
解離前の濃度（[M]）	c	—	—
解離度	$1-a$	a	a
水溶液の濃度（[M]）	$c(1-a)$	ca	ca

弱酸 HA の**酸解離定数** K_a は次の式で表される（弱塩基のときは**塩基解離定数** K_b）.

$$K_a = [H^+][A^-] \div [HA] = (ca)^2 \div c(1-a)$$

これを変形して $[H^+] = ca$ を求めると

$$(ca)^2 = c(1-a)K_a$$

$$ca = \{c(1-a)K_a\}^{1/2}$$

両辺の対数をとると

$$\log ca = \log\{c(1-a)K_a\}^{1/2}$$
$$-\log ca = -\log\{c(1-a)K_a\}^{1/2} = -1/2\log\{c(1-a)K_a\}$$

ここで a の値はきわめて小さく，$1-a \fallingdotseq 1$ と近似できるので

$$-\log ca = -1/2\log(cK_a) = -1/2(\log c + \log K_a)$$

$ca = [H^+]$，$-\log K_a = pK_a$ なので

$$-\log[H^+] = pH = -1/2(\log c - pK_a)$$

したがって，この式に弱酸溶液の濃度と pK_a 値を代入すると，溶液の pH を求めることができる．濃度の単位は M であることに注意．

・**酢酸（CH₃COOH），0.10 M**

酢酸の濃度と解離定数 K_a はそれぞれ 0.10 M および $10^{-4.76}$ なので，次の式に代入すると

$$-\log ca = -\log[H^+] = pH = -1/2\log(cK_a)$$
$$pH = -1/2\log(0.10 \times 10^{-4.76}) = -1/2\log(1.0 \times 10^{-1} \times 10^{-4.76})$$
$$= -1/2\log(1.0 \times 10^{-1-4.76}) = -1/2\log(1.0 \times 10^{-5.76})$$
$$= 1/2 \times 5.76 = 2.88 \fallingdotseq 2.9$$

解離定数ではなく，pK_a 値として 4.76 が与えられたときは，次の式に代入して

$$pH = -1/2(\log c - pK_a) = -1/2(\log 1.0 \times 10^{-1} - 4.76)$$
$$= -1/2(-1 - 4.76) = -1/2 \times (-5.76) = 2.88 \fallingdotseq 2.9$$

例題 7

次の弱酸と弱アルカリの解離式と pH を求めなさい．$\log 2 = 0.301$，$\log 3 = 0.477$ とする．

a．酢酸（0.30 M，CH₃COOH，$pK_a = 4.76$）

b．乳酸 $\{0.25\,\text{M}, \text{CH}_3\text{CH(OH)COOH}, K_a = 10^{-3.86}\}$

【解答】

a．解離式：$CH_3COOH \longrightarrow CH_3COO^- + H^+$

$$K_a = [H^+][CH_3COO^-] \div [CH_3COOH]$$
$$pH = -1/2(\log c - pK_a) = -1/2(\log 0.30 - 4.76)$$
$$= -1/2\{\log(3.0 \times 10^{-1}) - 4.76\} = -1/2(\log 3 - 1 - 4.76)$$
$$= -1/2(0.477 - 1 - 4.76) \fallingdotseq 2.64$$

b. 解離式：$CH_3CH(OH)COOH \longrightarrow H^+ + CH_3CH(OH)COO^-$

$$K_a = [H^+][CH_3CH(OH)COO^-] \div [CH_3CH(OH)COOH]$$

$$pH = -1/2(\log c - pK_a) = -1/2(\log 0.25 - 3.86)$$

$$= -1/2\{\log(1 \div 4) - 3.86\} = -1/2(-\log 2^2 - 3.86)$$

$$= -1/2(-2 \times 0.301 - 3.86) = 2.231 \fallingdotseq 2.2$$

7.3.4 緩衝液

すでに述べたように，生命科学の分野では酵素の反応中に溶液の pH 変化を最小にするために緩衝液が用いられ，弱酸と弱アルカリは緩衝液の成分として重要である．この項では弱酸を例に挙げて，緩衝液を調製する際に希望の pH にするために加えるべきアルカリ液量について述べる．

当然のことながら，実際に緩衝液を調製するときは pH メーターで pH を確認しながら添加することになるが，あらかじめ水酸化ナトリウムなどのアルカリの添加量がわかっていると，試薬などの無駄を減らすことができる．また緩衝液は，0.1 M リン酸緩衝液 pH 7.0（0.1 M phosphate buffer, pH 7.0）や 0.05 M トリス塩酸緩衝液 pH 8.0（0.05 M tris-HCl buffer, pH 8.0）などと表記し，緩衝液の主成分である弱酸または弱塩基と，その濃度（M）および pH を併記する．また，tris（トリスヒドロキシルメチルアミノメタンの略語）のように，弱塩基では pH を調整するときに使用した強酸を併記する．リン酸緩衝液や酢酸緩衝液のような弱酸の緩衝液でとくに強塩基が表記されていないときは，NaOH で pH 調整されたことを意味する．

緩衝液を調製するときは，主成分の弱酸および弱アルカリの解離定数（K_a = $10^{-4.65}$ などと表記される）または pK_a〔未解離の弱酸（弱アルカリ）と完全解離した弱酸（弱アルカリ）の濃度が等しいときの pH を意味し，解離定数の $-\log$ 値で表す．K_a が $10^{-4.65}$ なら pK_a 値は 4.65〕を調べる．緩衝液がもつ緩衝力は，その主成分の弱酸（弱アルカリ）の pK_a 値が示す pH 付近が最大になる．それは，pH を変化させる水素イオンを受け取る解離した弱酸（共役塩基）とヒドロキシイオンを中和する未解離の弱酸（共役酸）が等量で含まれるためである．

この解離定数は温度で変化することが知られているので，緩衝液の調製時と使用時の温度に注意しなければならない．また，リン酸は 3 段階で解離するので三つの pK_a をもつが，通常，緩衝液として使用される $H_2PO_4^-$ の pK_a は 7.20 と記載されていることが多い．しかし，この値から計算して緩衝液を調製すると，かなり低い pH の溶液になる．pH メーターの中性標準液は，KH_2PO_4 と Na_2HPO_4 を等モル含む 0.05 M リン酸緩衝液であるが，25℃における pH は

6.86 で，この値から計算して実際にリン酸緩衝液を調製すると，ほぼ計算値に近い pH の緩衝液になるので，本書ではこの値を採用する．

例題 8

100 mL の 0.100 M 酢酸に 0.100 M 酢酸ナトリウム溶液を加えて pH 4.50 の 0.1 M 酢酸緩衝液を調製したい．酢酸ナトリウム溶液をどれだけ加えるとよいか．酢酸の pK_a 値を 4.76 として計算しなさい[*1]．

【解答】

酢酸ナトリウム溶液を X mL 加えると，前項で述べたように，弱酸の解離定数は次のように表される．

$K_a = [H^+][A^-]/[HA]$

両辺の対数をとると

$\log K_a = \log([H^+][A^-]/[HA])$

$\log K_a = \log[H^+] + \log([A^-]/[HA])$

$-\log[H^+] = -\log K_a + \log([A^-]/[HA])$

ここで $-\log[H^+] = pH$，$-\log K_a = pK_a$ なので

$pH = pK_a + \log([A^-]/[HA])$

pH と pK_a の値を上の式に代入すると

$4.50 = 4.76 + \log([A^-]/[HA])$

ここで酢酸ナトリウムは [A$^-$]，酢酸は [HA] なので，酢酸ナトリウムを X mL 加えると

$4.50 = 4.76 + \log\{0.100 \times X \div (100 + X)\}/\{0.100 \times 100 \div (100 + X)\}$

$-0.26 = \log\{X/(100 + X) \times 0.1\} - \log\{100/(100 + X) \times 0.1\}$

$-0.26 = \log X - \log(100 + X) - 1 - \{2 - \log(100 + X) - 1\}$

$-0.26 = \log X - \log(100 + X) - 1 - 1 + \log(100 + X)$

$-0.26 = \log X - 2$

$\log X = 1.74$

$X = 10^{1.74} = 54.954 \fallingdotseq 55.0$ mL

例題 9

100 mL の 0.200 M 酢酸に 2.00 M 水酸化ナトリウム溶液と水を加えて pH 4.50 の 0.1 M 酢酸緩衝液 200 mL を調製したい．水酸化ナトリウム溶液と水をそれぞれどれだけ加えるとよいか．

【解答】

前項で述べたように，弱酸の解離定数は次のように表される．

$K_a = [\text{H}^+][\text{A}^-]/[\text{HA}]$

両辺の対数をとると

$\log K_a = \log([\text{H}^+][\text{A}^-]/[\text{HA}])$

$\log K_a = \log[\text{H}^+] + \log([\text{A}^-]/[\text{HA}])$

$-\log[\text{H}^+] = -\log K_a + \log([\text{A}^-]/[\text{HA}])$

ここで $-\log[\text{H}^+] = \text{pH}$, $-\log K_a = \text{p}K_a$ なので

$\text{pH} = \text{p}K_a + \log([\text{A}^-]/[\text{HA}])$

$\text{pH} = 4.50$, $\text{p}K_a = 4.76$ を代入して

$4.50 = 4.76 + \log([\text{A}^-]/[\text{HA}])$

$\log([\text{A}^-]/[\text{HA}]) = 4.50 - 4.76 = -0.26$

$[\text{A}^-]/[\text{HA}] = 10^{-0.26} \fallingdotseq 0.550$

$[\text{A}^-] + [\text{HA}] = 0.1\,\text{M}$ なので, $[\text{HA}] = 0.1 - [\text{A}^-]$ を代入して

$[\text{A}^-] = 10^{-0.26} \times (0.1 - [\text{A}^-])$

$[\text{A}^-] = 10^{-1.26} \div (1 + 0.550) = 0.03545 \fallingdotseq 0.0355\,\text{M}$

ここで $[\text{A}^-]$ は NaOH の濃度と等しいので, 加えるべき NaOH 量 X mL は

$2.00\,\text{mol} \times X\,\text{mL}/200\,\text{mL} = 0.0355\,\text{mol}$

$X = 3.55\,\text{mL}$, 水の量は $100 - 3.55 = 96.45\,\text{mL}$

例題 10

50 mL の 0.100 M 酢酸ナトリウムに 75 mL の 0.100 M 酢酸を混合した溶液の pH を求め, 緩衝液の名称を表記しなさい. 酢酸の解離定数は $10^{-4.76}$ とし, $\log 1.5 = 0.176$ とする.

【解答】

緩衝液に含まれる酢酸と酢酸ナトリウムの濃度は

酢酸:$0.100 \times 75 \div 125 = 0.060\,\text{M}$

酢酸ナトリウム:$0.100 \times 50 \div 125 = 0.040\,\text{M}$

弱酸の解離定数を求める式を変形して

$K_a = [\text{H}^+][\text{A}^-] \div [\text{HA}]$, $[\text{H}^+] = K_a[\text{HA}] \div [\text{A}^-]$

この式に解離定数と酢酸および酢酸ナトリウムの濃度を代入すると

$[\text{H}^+] = 10^{-4.76} \times 0.06 \div 0.04 = 10^{-4.76} \times 1.5$

両辺の対数をとると

$-\log[\text{H}^+] = \text{pH} = -\log(10^{-4.76} \times 1.5) = 4.76 - \log 1.5$

$= 4.76 - 0.176 = 4.584 \fallingdotseq 4.60$

この緩衝液に含まれる酢酸の濃度は 0.1 M で, pH は 4.60 なので, 名称は「0.1 M 酢酸緩衝液 pH 4.60」と表記する.

例題 11

0.100 M のリン酸二水素一ナトリウムの pH を求めなさい. リン酸二水素一ナトリウムの解離定数は $10^{-6.86}$ とする.

【解答】

$K_a = 10^{-6.86}$ から $-\log K_a = pK_a = -\log 10^{-6.86} = 6.86$

$-\log[H^+] = pH = -1/2\{\log c - pK_a\}$ に $c = 0.100$, $pK_a = 6.86$ を代入すると

$pH = -1/2\{\log(1.00 \times 10^{-1}) - 6.86\} = -1/2(-7.86) = 3.93$

---

column pH の p とは？

7.3 節で $pH = -\log_{10}[H^+]$ が水素イオン濃度であることを学んだ. しかし, 水素イオン濃度は $[H^+]$ だけで表されている. p とは何か. みなさんは pH を一つの用語と考えていないだろうか. 冒頭の式を分解すれば $p = -\log_{10}$ である. わざわざ水素イオン濃度に $-\log_{10}$ を掛けているのである.

それでは p を使わずに $[H^+]$ だけで考えてみよう. $[H^+] = 10^{-1}(0.1)$, $10^{-2}(0.01)$, $10^{-3}(0.001)$, …… $10^{-14}(0.00000000000001)$ をプロットすると図 7A(a) のようになる. 10^{-2} と 10^{-3} は 10 倍も違うのに, ほとんど差がわからない. それでは, これに p を掛けてみ

よう. $10^{-1} \rightarrow 1$, $10^{-2} \rightarrow 2$, $10^{-3} \rightarrow 3$, $10^{-14} \rightarrow 14$ となり, プロットすると図 7A(b) のように直線性をもち, 感覚的にもわかりやすい. つまり pH は, 指数を主役にすることで, 表記しやすくわかりやすいものにしたのである.

数学で指数や対数が何の役に立つのだろうと感じた人も, ここで「おぉ, pH という身近な化学に数学は役に立っているんだ!」と思ってもらえるとうれしい. 著者（平）はこれに気づいたとき, びっくりした. ある意味, p と H を分析した（ばらばらにした）のである.

(a)

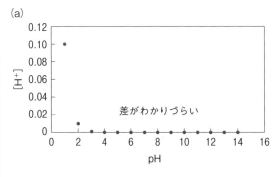

(b)

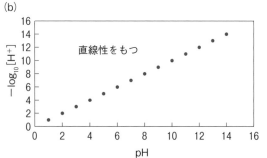

図 7A　水素イオン濃度の真数表示（a）と対数表示（b）

各原子の原子量を H：1.00，C：12.0，O：16.0，Cl：35.5，Ar：39.9，N：14.0，Na：23.0，S：32.1 とする．有効数字の桁数に注意して 1 ～ 3 の問いに答えなさい．ただし，問題文に出てくる 50 g や 100 g などの数の 0 は，位取りを示す数ではなく，5.0×10^1 や 1.00×10^2 など有効数字として扱う．

1. 次の個数を求めなさい．ただしアボガドロ定数を 6.02×10^{23} mol^{-1} とする．
    a．4.8 mol の NH_3 に含まれる H 原子
    b．3.60 g の $C_6H_{12}O_6$ に含まれる C 原子

2. 次の物質量（mol）を求めなさい．
    a．8.1×10^{24} 個の C_2O_6 分子の O 原子
    b．64.2 cm^3 の H_2SO_4 の O 原子（98% H_2SO_4 の密度を 1.84 g/cm^3 とする）
    c．7.2 L の CO_2 の O 原子

3. 次の標準状態における気体の体積を求めなさい．
    a．3.05 mol の O_2
    b．2.85 g の C_2H_6

4. 酒造酵母はアルコール発酵（酵母は糖を分解する過程でエネルギーを得る）によって，グルコース（$C_6H_{12}O_6$）から二酸化炭素（CO_2）とエタノール（C_2H_6O）を産生する．
    a．この反応を化学式で示しなさい．
    b．発酵によって生じた二酸化炭素の体積が 5.60 L のとき，同時に生じたエタノールと分解されたグルコースの質量を求めなさい．
    c．発酵によって生じたエタノールの質量が 16.1 g のとき，同時に生じた二酸化炭素の体積と分解されたグルコースの質量を求めなさい．

5. 次の水溶液の質量パーセント濃度を求めなさい．
    a．質量パーセント濃度 5.00% の塩化ナトリウム水溶液 250 g から水を 75.0 g 蒸発させた水溶液
    b．質量パーセント濃度 5.00% のブドウ糖水溶液 250 g に，75.0 g のブドウ糖を溶解させた水溶液

6. 地球温暖化の原因の一つと考えられている二酸化炭素の大気中濃度が，最近，400 ppm を超えたことが報道された．二酸化炭素は標準状態の大気 1 L あたり何 mL 以上含まれているか．

7. 飲酒運転は重大事故に直結する危険な要因であるため，事業者の飲酒運転を防止する目的で，車両・船舶・航空機などの運転者には始業前の呼気のアルコール検査が義務づけられている．法令では呼気 1 L に含まれるアルコールが 0.15 mg 以上 0.25 mg 未満を酒気帯び運転，0.25 mg 以上を酒酔い運転としている．この濃度を ppm に換算しなさい．ただしアルコールはエタノール（C_2H_6O）を意味する．

8. 次の強酸水溶液と強アルカリ水溶液（溶液中で完全に解離するものとする）の pH を求めなさい．ただし $\log 5 = 0.699$ とする．

    a．硫酸（H_2SO_4, 0.0250 M）

    b．水酸化カリウム（KOH, 0.0250 M）

9. 次の弱酸と弱アルカリの解離式を示しなさい．また水溶液の pH を計算しなさい．ただし $\log 2 = 0.301$, $\log 3 = 0.477$ とする．

    a．アンモニア水（0.200 M NH_4OH, $K_b = 10^{-4.75}$）

    b．リン酸二水素一ナトリウム（0.080 M NaH_2PO_4, $K_a = 10^{-6.86}$）

10. 200 mL の 0.200 M 酢酸に 2.00 M の水酸化ナトリウム溶液と水を加えて pH 5.20 の 0.100 M の酢酸緩衝液を調製したい．水酸化ナトリウム溶液と水をどれだけ加えればよいか．酢酸の解離定数を $10^{-4.76}$ として計算しなさい．

11. リン酸二水素一ナトリウム溶液（NaH_2PO_4）と NaOH を用いて 0.100 M リン酸緩衝液（pH 7.00）を 1000 mL 調製したい．NaH_2PO_4 と NaOH をどれだけ使用すればよいか．NaH_2PO_4 と NaOH の分子量を 120.0 と 40.0，解離定数を $10^{-6.86}$ として計算しなさい．

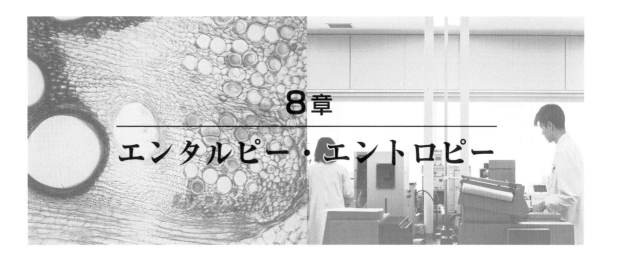

8章
エンタルピー・エントロピー

生物系の学生にも**熱**は大事である．物理ではないか，と気を重くする必要はない．バイオサイエンスにとって重要な部分は例題や練習問題に置いた．

農学系の学生は光合成を理解したいと思うだろう．熱力学の法則を学んだ後は，光合成を行う生物に感激するだろうし，私たちが生きるということにも思うところが増えるに違いない．

▶ 8.1 熱とは何か

水の入ったフラスコを密閉して加熱すると，水蒸気は発生するが，容器の質量に変化はない．

真夏に鉄板を日光にさらしておくと，変形することがある．変形した後に温度を下げても，もう元の形にはもどらない．**熱エネルギー**が**力学的エネルギー**になり，鉄板の内部構造を壊したためである（**図8.1**）．

ステンレス板をバーナーなどで熱した前後の重量変化はどうだろうか．重量に変化は見られない．このことは，熱には質量がないことを示している．質量のあるものが物質である，という定義を考えれば，熱は物質ではないことを意味している（**図8.2**）．

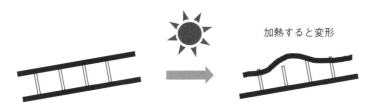

加熱すると変形

図8.1　**熱による機械的破壊（鉄道のレール）**

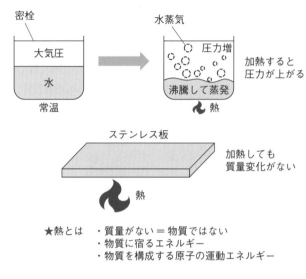

図 8.2　熱とは何か

図 8.3　摂氏（℃）と華氏（℉）を示す温度計

▶ 8.2　温度とは何か

　熱を想像するうえで，一番わかりやすい解釈が**温度**だろう．「今日の気温は何度だろう？　30度か，暑いはずだ」，「4度しかないのか，今日は冷えるなあ」とか，「水が沸騰するのは100度，凍るのは0度」など，日常で熱は温度として考えられることが多い．

　それでは，この温度の目盛りは，どのように決められたのだろうか．そもそも「度」とは何だろう．

　図8.3は温度計の写真である．右と左に，温度を示す数値が書かれている．数値にだいぶ差があると感じるかもしれないが，同じ高さの数値は同じ温度である．右側が**華氏温度**〔℉，ディグリー・ファーレンハイト（degree Fahrenheit）と読む〕，左側が**摂氏温度**〔℃，ディグリー・セルシウス（degree Celsius）と読む．日本では「ドシー」と呼んでいる〕を示す．二つは単純に温度単位の基準が違うのである．熱い（暑い）・冷たい（寒い）には個人差があるが，基準を定めることで目盛りに共通性が与えられる．次の項では，温度の基準がどのような変遷で決められてきたかを紹介する．

8.2.1　華氏温度

　華氏温度は，1712年にドイツの物理学者ダニエル・ガブリエル・ファーレンハイト（1686〜1736年）が提唱した温度の基準である．彼は，健康なヒツジの体温を100度，海が凍る温度を0度とし，この間を100等分したものを1度として，単位を℉とした．当時，ヨーロッパでは牧羊が重要な食料源で，1頭

のヒツジが病気になるとたちまち伝染するので，ヒツジの健康管理が牧羊主の重要な仕事だった．まだそれほど獣医学が発達していなかった頃，健康管理の目安が体温だった．手のひらで感じとる体温の違いで病気かどうか見きわめていたのである．また漁師は，冬に海が凍ると漁に出られないので，海が凍るか凍らないかが重要な基準だった．

8.2.2　摂氏温度

華氏温度は日常生活で便利な面もあるので，現在もアメリカやヨーロッパの一部で使われている．気温が90°Fと表示されたら，日本の私たちは驚くかもしれないが，摂氏に換算すると約32℃である．

1742年，スウェーデンの天文学者アンデルス・セルシウス（1701～1744年）は，水が沸騰する温度を100度，水が凍る温度を0度とし，この間を100等分したものを1度として，単位を℃とした．

この頃，蒸気機関の発明をきっかけに産業革命が起こっている．水に着目した理由を納得できるし，より科学的な基準になった．

しかし摂氏も，科学が発展するにつれて不便になってきた．0℃でも－100℃でも，原子の運動（熱）エネルギーは存在する（動く）．

8.2.3　絶対温度

1968年，イギリスの物理学者ウィリアム・トムソン（ケルビン卿，1824～1907年）によって**絶対温度**（K，ケルビン）が提唱された．原子・分子運動が停止する温度を0K（－273.15℃）とし，**絶対零度**（absolute zero）ともいう．ケルビンの目盛り幅は摂氏と同じで1K＝1℃である．0℃は273.15Kであり，Kは日常生活では不便であるが，熱化学の分野ではわかりやすい．

これまで説明した温度の基準の変遷を**表8.1**に，各温度の基準を**表8.2**にま

表8.1　温度の基準の変遷

西暦	提唱者	種類と単位	基　準
1712年	ファーレンハイト	華氏温度（°F）	ヒツジの体温を100°F，海が凍る温度を0°F
1742年	セルシウス	摂氏温度（℃）	水が沸騰する温度を100℃，凍る温度を0℃
1968年	トムソン	絶対温度（K）	原子・分子運動が停止する温度を0K

表8.2　各温度の基準

	摂氏（℃）	ケルビン（K）	華氏（°F）
水の沸点	100	373	212
水の凝固点	0	273	32
絶対零度	－273.15	0	－460

とめる.

　ケルビン温度の考え方の特徴は，さまざまな現象を分子運動として定義している点である．たとえば食品の保存について考えよう．肉を冷蔵庫に入れれば，保存期間が長くなる．冷凍すれば，さらに長期間の保存が可能になる．肉が傷む（腐敗する）のは，分解酵素がタンパク質を分解するのが要因の一つである．温度を下げることで酵素の働きを弱くし，分解を遅らせていると，ケルビン温度から理解することができる．ただし，−100℃なら腐敗しないかというと，ケルビン温度では 173 K で，分子運動がゼロになる 0 K と比べれば，まだ高温である．

▶ 8.3　熱力学の第一法則——エネルギー保存則

　まずはじめに，**熱力学の第一法則**である**エネルギー保存則**は**質量保存則**とは別のものである．質量保存則は「反応前の原子の数 ＝ 反応後の原子の数」と定義される.

　この節から**エネルギー**を扱う．エネルギーとは何か，また「自然な」変化とは何だろうか.

　8章と9章では，自然な変化とは**エンタルピー**の減少であること，そして**エントロピー**の増加であることを理解してほしい．ここで，聞きなれない用語が二つ出てきたと思う．この二つ，エンタルピーとエントロピーを理解できると，最終的に**ギブス自由エネルギー**を使えるようになる．これは反応がどちらに進むのかがわかる重要な因子である.

---

column　物質と絶対零度と気体の状態方程式

　今，ある気体が存在している．この気体を絶対零度（$T = 0$ K）まで冷却したときの $pV = nRT$ を考えてみよう．$T = 0$ なので，当然，$pV = nRT = 0$ となる（n と R は定数）．ここで，$pV = 0$ とはどういうことだろうか.

　3章で，物質（matter）を「質量があるもの，空間を占めるもの」と定義した．ある事実との矛盾に気づくだろうか.

　気体も物質だから，質量があって空間を占める．空間を占めるとは，体積 V があることを意味する（ここで V は一定とする）．では，$p = 0$ と考えるべきだろうか．物質が存在すれば，そのぶん圧力が生じるし，質量も存在するはずである．でも $p = 0$？　もはや物質の定義を満たしていない.

　絶対零度まで物質を冷やしたら，分子運動が完全に停止することになる．その場合，物質は消滅してしまうのだろうか.

　実は，現代科学ではいまだ，絶対零度（0 K，−273.15℃）をつくり出すことができていない．そこで現時点では，実際どうなるかはわからない．このことに考えをめぐらすのも面白いのではないだろうか.

column　絶対零度をつくれるか？

気体の状態方程式を思い出してほしい.

$$pV = nRT$$

p：圧力，V：体積，n：モル数，R：気体定数，T：温度（K）

希薄な気体でも，存在すれば分子運動があり，その場所に圧力 p が生じる.

今，温度 T をどんどん下げていくと

$$pV = nRT$$

V, n, R は一定

T が下がる＝p が下がる
$T = 0$ K のとき，$p = 0$（Pa）

となる. 少し不思議に思わないだろうか.

$T = 0$ で分子運動がなくなるとしたら，物質がもつエネルギーは0である. $p = 0$ なら，周囲を押しのける力が0である. この二つの事象が事実なら，存在していた気体（物質）が存在しないことになる. 存在しないものは冷やせない. 絶対零度をつくることは化学の挑戦の一つである.

8.3.1　系と外界

　系（system）とは熱力学的に注目している原子や分子の集団，**外界**（surroundings）とは系の外にあるすべてのもの，**境界**（boundary）とは系を外界から分けているものを指す（**図8.4**）.

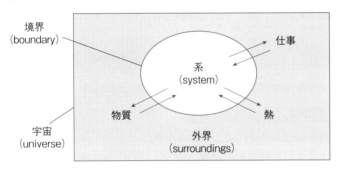

図8.4　系，外界，境界とは

　熱力学で最も単純な系は，外界と何も交換しないものであり，**孤立系**（isolated system）と呼ぶ. 一方，外界と物質は交換せず，境界を通じてエネルギー交換する系を**閉鎖系**（closed system）と呼ぶ. 化学反応のほとんどは閉鎖系で行われる. 外界とエネルギー，物質ともに交換できるのが**開放系**（open system）である.

8.3.2　エネルギー交換と仕事

　前項で定義した系では，エネルギー変化を考えることができる. この変化は相対値であり，絶対値ではないことを覚えておく必要がある.

さて，系は外界に，外界は系に**仕事**（W）をする.

仕事 ≡ 外力 × 変位

また，系が外界に仕事をするときの符号は−に，外界が系に仕事をするときは＋に共通化しておく.

一般化した式は積分化でき，次のように表される.

$$W = \int f_{ex}\,dx$$

系のエネルギー変化について，たとえば閉鎖系（外部と熱と仕事のやりとりはできる）の場合，**図8.5**のようになる. これは発熱反応で，系はエネルギーを失うから，変化量がマイナスの値になる.

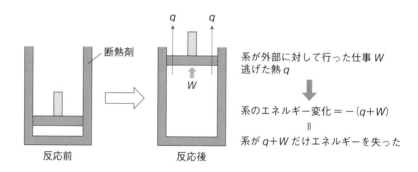

図8.5　**閉鎖系のエネルギー変化**

8.3.3　断熱膨張と等温変化

外部との熱の出入りができない系が膨張するとき，外部に仕事の形でエネルギーを放出する. これを**断熱膨張**という. その分，系内部のエネルギーが減少して温度が下がる.

逆に外部から仕事をされると，系内部は圧縮されてエネルギーを加えられるので，温度が上がる. これを**断熱圧縮**という（**図8.6a**）.

これまでは「圧力をかけて体積を減少させたときは温度一定」と習ったかもしれない. これを**ボイルの法則**という.

$$p_1 V_1 = p_2 V_2 \quad （Tは一定）$$

この法則は等温変化を前提にしたものである. 図8.6（b）に示すように，外部との熱の出入りが自由な系を用いることで温度が一定になるようにしている.

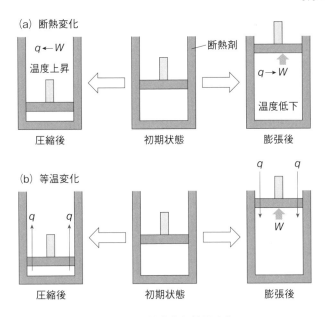

図 8.6　**断熱変化と等温変化**

8.3.4　熱力学の第一法則

　ある一つの系を考える（固体や液体でもよいが，気体を想定するのがわかり
やすいだろう）．この系が外部より熱 q をもらったとする．この系は体積を変
化させて，外からの圧力（系そのものの圧力と同じ）を押しのけて膨らむ．こ
の系がした仕事を $W = -p\Delta V$ とする．わかりやすく数値でいうと，8 の熱
をもらい，5 だけ仕事をしたとすると，その系のエネルギーは 3 だけ増える．
これを式で表すと，次のようになる．

$$q = \Delta U + p\Delta V$$

ここで ΔU は内部エネルギーを示す（この後，解説する）．

　上の式で q の符号が＋なら，系は熱をもらい，－なら熱を出す．また，ΔV
の符号が＋なら，系の体積は膨張し，外部に仕事をしたことを意味する．そし
て－なら，系の体積は減少し，外部に仕事をされたことを意味する．上の式で
ΔU はエネルギーが増えた分であり，U を**内部エネルギー**と呼ぶ．図 8.7 に符
号の定義を示す．

　このようにエネルギーは形を変えて移動するが，新たに生じたり消滅したり
することはない．これを**熱力学の第一法則**，あるいは**エネルギー保存則**という．

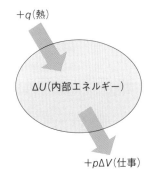

図 8.7　符号の定義

8.3.5　状態関数と経路関数

　用語の定義を確認しよう．変化の前後の状態が確定すれば，その間の経路に

関係なく決まる関数（値）を**状態関数**という．反対に，途中の経路が決まらないと値が決まらない関数を**経路関数**という．

内部エネルギー U は常に一定なので状態関数である．しかし，熱（Q）や仕事（W）はどちらかが確定しないと決まらないので経路関数である．

▶ 8.4 エンタルピー

8.4.1 内部エネルギーとエンタルピー

次の式は**熱力学の第一法則**である．

$$H = U + W$$

ここで H は**エンタルピー**，U は**内部エネルギー**，W は**仕事**を示す．この式は，孤立系（外部と物質やエネルギーのやりとりがない）においてエネルギーは，内部エネルギーと仕事に分割できるが，総量は一定という意味である．

8.4.2 仕 事

気体を入れた容器の体積が変化したとき，体積変化分だけ容器の外に力学的エネルギーを与えたことになる．これを**仕事**（W）という．

図8.8に示すように，直方体の容器に気体を入れて容器の x 方向に力 F を加え，Δx だけ移動したとする．このときの仕事量 ΔW は次の式で表される．

$$\Delta W = F \times \Delta x \tag{1}$$

もう少し詳しく，式でこの現象を考えてみよう．圧力 p のとき，容器の面積は $\Delta A = \Delta y \times \Delta z$ なので，ΔA（ピストン面）に作用する力 F は

$$F = p\Delta A \tag{2}$$

式（1）と（2），$\Delta xyz = \Delta V$ より

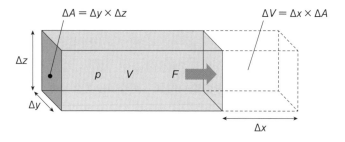

図8.8 圧力と仕事

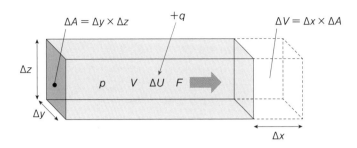

図8.9　ピストンの熱による容積変化

$$\Delta W = p\Delta A\Delta x = p\Delta V \ (\text{J}) \tag{3}$$

式（3）は，圧力 p と容積変化 ΔV の積がエネルギー（J）であることを表している[*1].

　図8.9に示すように，容器に熱 q を加えると，容器内の気体運動が増加する．q が＋なら熱をもらうこと，−なら熱を出すことを意味する．V が変化できる容器（ピストン）では p を一定に保とうとするので，ΔV だけ容器の体積が増加する．

　これは，熱 q がピストンを動かす仕事 ΔW に変換されたことを意味し，次の式で表すことができる．

$$q = \Delta U + \Delta W \tag{4}$$

この式により，外部から加えた ΔQ が気体の内部エネルギーを ΔU だけ増加させて，力学的な仕事 ΔW をピストン面にしたことがわかる[*2].

　式（4）を用いて化学反応を考えよう．気体が q の熱を吸収して V_1 から V_2 まで膨張変化したとき，その内部エネルギー変化 ΔU は，式（4）を変形して

$$\Delta U = q - \int_{V_1}^{V_2} p\mathrm{d}V$$

この変化が体積一定の下で起こったとすると

$$\Delta U = q$$

が成り立つが，圧力一定の下では

$$\Delta U \neq q$$

さて，次の状況をよく考えてほしい．一般に，実験室内の化学反応は圧力一定の場合が多い（**定圧反応**）．したがって内部エネルギーは，通常の化学反応の

*1　仕事（W）の単位 J（ジュール）を求めよう．$p(\text{Pa}) = p(\text{N/m}^2)$, $V(\text{m}^3)$ より，式（3）は
$W = p(\text{N/m}^2) \times V(\text{m}^3)$
　$= pV(\text{N·m})$
　$= pV(\text{J})$

*2　熱 Q が，気体のもつ内部エネルギーを最大にした後，残りのエネルギー分を仕事にした，という感覚でよい．

説明にはあまり適当とはいえない．そこで定圧反応の説明に都合のよい新しい
関数 H（**エンタルピー**）を導入する．エンタルピーは次のように定義される．

$$H = U + pV$$

この式の変化量を考えてみる．つまり全微分すると

$$dH = \underline{dU + pdV} + Vdp \quad（下線は q）$$

H を用いて，上の定圧反応をもう一度考えよう．今，系の状態が1（反応前）
から2（反応後）へ変化したとする．それぞれの状態関数に添字1，2をつけ
て表したとき，エンタルピーの変化は

$$\Delta H = q + \int_{p_1}^{p_2} Vdp$$

今は定圧反応なので $p_1 = p_2$ となり

$$\Delta H = q$$

すなわち定圧反応では，反応中に系が吸収する熱量はエンタルピー変化に等し
い．また，q は実験的に測定可能であるが，状態関数ではない．しかし，エン
タルピーは系に出入りする熱に直接関係した状態関数である．

　エンタルピーも内部エネルギーと同様，化学変化によって生じる変化のみが
観察され，物質がもつエンタルピーの絶対量を知ることはできない．

8.4.3　Δとdの違い

　ΔU や $p\Delta V$ はそれぞれ U および V の変化量を表すが，dU および dV とする
と無限に小さな変化量を意味する．これは，たとえば仕事 pdV を考えるときに
問題になる．系の体積が変化する間に，系の圧力が一定である保証はない．し
かし，dV という体積の微小変化では，p は変わらないと考える．

例題1

1 mol の水の 1 atm での蒸発に対する ΔH と ΔU を計算しなさい．この圧
力での蒸発は 100℃ で起こる．また，18 g つまり 1 mol の水を沸騰させる
のに必要な熱は 40.7 kJ である．

【解答】
定圧下で反応中に系が吸収する熱量はエンタルピー変化に等しいので
$$\Delta H = q = 40.7 \text{ kJ/mol} \times 1 \text{ mol} = 40.7 \text{ kJ}$$

外圧 p_{ex} が一定なので，仕事は式（1）より

$$W = -p_{ex}(V_2 - V_1)$$

V_2（1 mol の水蒸気の体積）に対して V_1（水 1 mol の体積，18 mL）は無視できる．また，理想気体の状態方程式から

$$W = -p_{ex}(V_2 - V_1) \fallingdotseq -p_{ex}V_2 = -nRT$$
$$= -1\,\text{mol} \times 8.314\,\text{J/K·mol} \times 373\,\text{K} = -3100\,\text{J} = -3.1\,\text{kJ}$$

熱力学の第一法則から

$$\Delta U = q + W = 40.7 - 3.1 = 37.6\,\text{kJ}$$

▶ 8.5　標準生成エンタルピー

標準生成エンタルピー（もしくは熱）とは，1 mol の化合物が標準状態でその単体から生成する際のエンタルピー変化を指し，ΔH_f° と表す．たとえば

$$C(s) + O_2(g) = CO_2(g) + 393.5\,\text{kJ}$$

の場合，$\Delta H_f^\circ = -393.5\,\text{kJ/mol}$ を CO_2 の標準生成エンタルピーという．なお，元素の標準生成エンタルピーは定義により 0 である．

標準生成エンタルピーは，熱量系による測定から直接に求めることもあるが，値が知られている反応を組み合わせて間接的に求めることもできる．

例題 2
$C_6H_{12}O_6(s)$，$C(s)$，$H_2(g)$ の燃焼熱はそれぞれ次のように与えられる．
$$C_6H_{12}O_6(s) + 6O_2(g) = 6CO_2(g) + 6H_2O(l) + 2801.7\,\text{kJ} \quad ①$$
$$C(s) + O_2(g) = CO_2(g) + 393.51\,\text{kJ} \quad ②$$
$$H_2(g) + (1/2)O_2(g) = H_2O(l) + 285.84\,\text{kJ} \quad ③$$
$6C(s) + 6H_2(g) + 3O_2(g) \longrightarrow C_6H_{12}O_6(s)$ の反応における $C_6H_{12}O_6(s)$ の標準生成エンタルピー ΔH_f° を求めなさい．
【解答】
$$6C(s) + 6H_2(g) + 3O_2(g) = C_6H_{12}O_6(s) - \Delta H_f^\circ$$
$$\Delta H_f^\circ = C_6H_{12}O_6(s) - 6C(s) - 6H_2(g) - 3O_2(g)$$
$$= -① + 6 \times ② + 6 \times ③ - 3O_2(g)$$
$$= 2801.7 - 2361.06 - 1715.04$$
$$= -1274.4\,\text{kJ/mol}$$

▶ 8.6 化学反応と反応エンタルピー

ΔH_f° がわかっている化合物の間では，反応の際のエンタルピー変化を計算できる．**図8.10**に化学反応のエンタルピー変化を模式的に示す．これにより，現実には実行できない反応に対しても**反応エンタルピー**を見積もることができる．

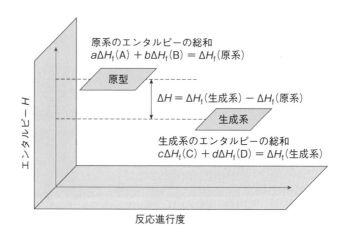

図8.10 $a\text{A} + b\text{B} \longrightarrow c\text{C} + d\text{D}$ の反応エンタルピーΔH

例題3

次の反応のエンタルピー変化を求めなさい．

$$NH_3(g) + 2CH_4(g) + (5/2)O_2(g) \longrightarrow NH_2CH_2COOH(s) + 3H_2O(l)$$

ただし，標準生成エンタルピー ΔH_f° には次の値を用いること．$NH_3(g)$：-46.19，$CH_4(g)$：-74.85，$NH_2CH_2COOH(s)$：-537.2，$H_2O(l)$：-285.84（以上 kJ/mol）

【解答】

$$\Delta H_f(原系) = 1 \times \Delta H_f[NH_3(g)] + 2 \times \Delta H_f[CH_4(g)] + (5/2) \times \Delta H_f[O_2(g)]$$
$$= 1 \times (-46.19) + 2 \times (-74.85) + (5/2) \times 0 = -195.89 \text{ kJ}$$

$$\Delta H_f(生成系) = 1 \times \Delta H_f[NH_2CH_2COOH(s)] + 3 \times \Delta H_f[H_2O(l)]$$
$$= 1 \times (-537.2) + 3 \times (-285.84) = -1394.7 \text{ kJ}$$

$$\Delta H = \Delta H_f(生成系) - \Delta H_f(原系) = -1198.8 \text{ kJ}$$

▶ 8.7 熱容量とエンタルピーの温度依存性

ここまでは25℃という**参照温度**での取扱いを考えてきた．他の温度に拡張

するためには，**熱容量**を導入する必要がある．

　熱容量は「ある特定の条件下で系の温度を 1℃ 上げるために熱的周囲から供給される必要があるエネルギー（C 条件）」と定義される．そして 1 mol あたりの熱容量を**モル熱容量**と呼ぶ．ここでは **C 条件**と記す（C 条件 = nC 条件）．

　定容（または定積）過程の熱容量 C_V は，$\Delta U = q$（p. 105）より，内部エネルギーと次式のように関係づけられる．

$$C_V = \mathrm{d}U/\mathrm{d}T \tag{5}$$

　定圧過程の熱容量 C_p は，$\Delta H = q$ より，エンタルピーと次式のように関係づけられる．

$$C_P = \mathrm{d}H/\mathrm{d}T \tag{6}$$

　理想気体では，C_V と C_p の関係は次のようになる．

$$C_p - C_V = R$$

これは**マイヤーの式**といって，定圧モル比熱のほうが定積モル比熱より大きく，定圧モル比熱と定積モル比熱の差が**気体定数** R になるという意味である．あまり使わないが，導出過程は知っておくとよい．以下に導出しよう．

　熱力学の第一法則を次のように表す．

$$H = U + pV \tag{7}$$

圧力 p を一定として，式（7）を全微分すると

$$\mathrm{d}H = \mathrm{d}U + p\mathrm{d}V$$

となり，式（5）と式（6）を代入すると

$$C_p\mathrm{d}T = C_V\mathrm{d}T + p\mathrm{d}V \tag{8}$$

ここで 1 mol の理想気体の状態方程式も全微分すると，

$$p\mathrm{d}V = R\mathrm{d}T$$

式（8）から

$$C_p\mathrm{d}T = C_V\mathrm{d}T + R\mathrm{d}T$$
$$C_p = C_V + R$$
$$C_p - C_V = R$$

と導出できた．

■■■■■■■■■■■■ **練習問題** ■■■■■■■■■■■■

1. 二本鎖 λDNA（約 5 万塩基対）の片方を光ファイバーに固定する．光ファイバーは，引っ張られたときに力センサーになる．λDNA のもう片方の端を光ピンセットでつまみ，引っ張る．このときの力（単位は pN）と r（引っ張られたときの λDNA の長さを λDNA の全長で割った値）の関係を図 8A に示す．次の λDNA 分子について，r を 1.0 から 1.6 まで伸ばしたときの仕事を求めなさい．ただし λDNA の伸長前の長さ l_0 は約 15 μm である．

   a．1 本の λDNA 分子
   b．1 mol の λDNA 分子

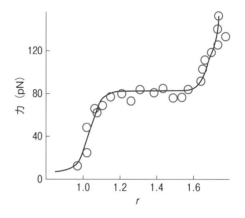

図 8A　**λDNA の引っ張られた力と r との関係**

2. 理想気体 0.5 mol を定圧下で 298 K から 393 K まで加熱した．q, ΔH, ΔU, W を求めなさい．ただし，定容モル熱容量 $C_V = 20.8$ J/K·mol とする．

9章
熱力学の第二法則と
ギブス自由エネルギー

▶ 9.1 はじめに

　気がつくと，カバンに入れていたイヤホンのケーブルがいつの間にか絡まっていたことはないだろうか．とくに自分でケーブルを絡めたわけでもないのに，それを元にもどすのに何倍も労力を払った経験はないだろうか．

　味噌汁をつくるとき，味噌をお湯に溶く．溶いた味噌が自然に塊にもどることはない．

　分子A（10個）と分子B（10個）が入った箱の仕切りを外すと，2種類の分子はランダムに拡散し，元の状態（分子Aだけ，分子Bだけ）にもどる確率は$1/_{20}C_{10} = 1/184,756$で，0.0005%である．これがアボガドロ数なら，自然に元の状態にもどることはないと言っていい．

　物事は乱雑（崩壊，拡散）に向かうのが自然である．ひとりでに元の状態になるのは不自然である．分子が拡散することは熱運動する範囲が広がることであり，これが**エントロピー増大**ということである．ただし抽象的でわかりにくいかもしれない．

　この章では，乱雑性の指標である**エントロピー**（S）と，反応が左右どちらに進むかの指標である**ギブス自由エネルギー**（G）を解説する．

▶ 9.2 カルノーサイクル

　この節で解説する内容は，生命科学を専攻するみなさんには，もしかすると必要のない知識かもしれないが，まずは読み進めてほしい．ただし，このカルノーサイクルから熱効率100%を実現できたら，それは永久機関（熱エネルギーを損失なしに仕事として使える）ができたことになり，ノーベル賞確実であ

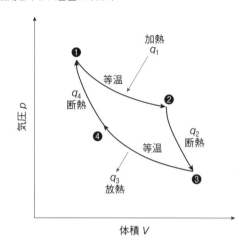

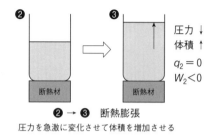

❷ → ❸　断熱膨張
圧力を急激に変化させて体積を増加させる

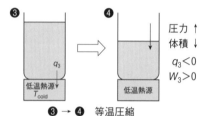

❸ → ❹　等温圧縮
温度変化させないように圧力を増加させながら体積を減少させる．圧縮すると温度は上がるが，その分，低温熱源へ熱 q_3 を捨てて温度変化させない

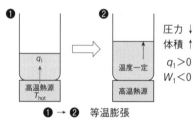

❶ → ❷　等温膨張
温度変化させないように高温熱源（外界）から熱 q_1 を加えて等温変化させる．圧力が下がり，体積が増加する（膨張すると温度は下がるが，q_1 があるので変わらない）

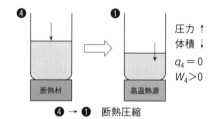

❹ → ❶　断熱圧縮
圧力を増加させ，❶と同じ体積まで減少させる

図 9.1　カルノーサイクル

る（実際は後述するように現時点では不可能である）．また，この発見から生命活動にかかわることまで，エントロピーは幅広い分野で重要な因子であることを知ってほしい．

　1824 年，フランスの物理学者ニコラ・レオナール・サディ・カルノー（1796 ～1832 年）は，熱エンジンの効率を示す**カルノーサイクル**を提唱した．彼は，熱エンジンの工程を四つに分け，この一連の過程は可逆であるとした（**図 9.1**）．
　カルノーサイクルは次の 4 工程に分けられる．

❶ → ❷　等温膨張
温度変化を与えないように外部から熱 q_1 を加えて等温変化させ，圧力を低下させて体積を増加させる．

❷ → ❸　断熱膨張
圧力を急激に低下させ，体積を増加させる．

❸ → ❹　等温圧縮

温度を変化させないように，圧力を増加させながら体積を減少させる（熱 q_3 を低熱源へ捨てる）．

❹ → ❶　断熱圧縮

圧力を増加させ，体積を減少させる．

以上の工程を逆に運転すると（❶ → ❹ → ❸ → ❷ → ❶），❹ → ❸（等温変化）で q_3 を与え，❷ → ❶（等温変化）で q_1 を放出する．つまり，加熱（q_3）より放熱（q_1）のほうが大きくなり，冷却装置（ヒートポンプ）になる．この，どちらの方向にも運転可能なことを**可逆変化**（reversible change）という．

　1サイクルで，加熱した熱量 q_1 と放熱した熱量 q_3 の間には，次の関係式が成り立つ（計算は省略する）．

$$q_1/T_{\mathrm{hot}} + q_3/T_{\mathrm{cold}} = 0$$

これは重要な発見で，経路によらず熱 q を温度 T で割ると**状態量**（経路によらず最終値は同じ）になることを意味する．これは可逆サイクルのときに成立することから，強調して q_{rev} と表記する．そして微小変化は次のように表される．

$$\mathrm{d}q_{\mathrm{rev}}/T$$

この状態量を**エントロピー**（entropy）と呼ぶ．エンタルピーと同様，絶対値では表せないので，Δ を用いるのが一般的である．

$$\Delta S = \int \mathrm{d}S = \int \mathrm{d}q_{\mathrm{rev}}/T = q_{\mathrm{rev}}/T \quad 等温過程（T が一定）のときのみ成立$$

現実世界では，熱自体を測定するのは，仕事と相殺されるので難しい．そこで ΔS は体積や温度などを変数として求められる．

$\Delta S = nR\ln(V_2/V_1)$　等温条件下の体積変化時，気体にのみ適用
　　　　n：物質量，R：気体定数，$\ln$：自然対数

$\Delta S = C_p\ln(T_2/T_1)$　等圧条件下の温度変化時
　　　　C_p：定圧熱容量

$\Delta S = C_V\ln(T_2/T_1)$　等体積条件下の温度変化時
　　　　C_V：定積熱容量

$\Delta S = \Delta H/T$　等圧条件下の蒸発や融解が起こる状態変化時
　　　　ΔH：蒸発または融解エンタルピー

▶ 9.3 熱 効 率

熱サイクルから取り出される仕事量 W は，与えた熱量 q_1 と放出した熱量 q_3 の差 $q_1 - q_3$ になるはずである．しかし実際は，容器に圧力 p を加えてその体積 V を変化させることが仕事量なので，次のようになる．

$$W = \int p\mathrm{d}V = q_1 - q_3$$

与えた熱量 q_1 がどれだけ仕事へ変換されたかを示すのが**熱効率**（η）で，次のように表すことができる．

$$\eta = W/q_1 = (q_1 - q_3)/q_1 = 1 - q_3/q_1$$

熱量 q_1 を加えたときの温度を T_{hot}（高温），熱量 q_3 を放出したときの温度を T_{cold}（低温）とすると，次のようになる．

$$\eta = 1 - T_{\mathrm{cold}}/T_{\mathrm{hot}}$$

たとえば $T_{\mathrm{hot}} = 1200\,\mathrm{K}$，$T_{\mathrm{cold}} = 300\,\mathrm{K}$ とすると

$$\eta = 1 - (300/1200) = 0.75$$

となり，熱効率は 75% になる．もし，エンジン A が $q_1 = 100\,\mathrm{kJ}$ の熱を取り込んだとすると，$q_3 = 25\,\mathrm{kJ}$ の熱が放出され，残り 75 kJ が仕事として使われることになる（**図 9.2**）．

次に，熱効率が 50% のエンジン B を考えてみよう．エンジン A と同じ仕事量（75 kJ）を得るためには，$q_1 = 150\,\mathrm{kJ}$ を得れば，q_3 として 75 kJ の熱を放出することができる．

上のエンジン A とエンジン B を組み合わせてみよう．エンジン A での 75 kJ の仕事を，エンジン B に与える．すると，エンジン B は T_{cold}（低温熱源）側から 75 kJ の熱を奪って T_{hot}（高温熱源）側に 150 kJ の熱を放出することになる（**図 9.3**）．

A，B 二つのエンジンの出力の合計は次のようになる．

$$q_{\mathrm{hot}} = 100 - 150 = -50\,\mathrm{kJ}$$
$$q_{\mathrm{cold}} = -25 + 75 = 50\,\mathrm{kJ}$$

これは，外界に何の痕跡も残さずに，1 サイクルで 50 kJ の熱を低温側から高温側へ放出したように見え，エネルギーを低温側から高温側へ運ぶ不自然な変化である．ここで，100 kJ の熱がエンジン A の駆動に使われていることを忘れ

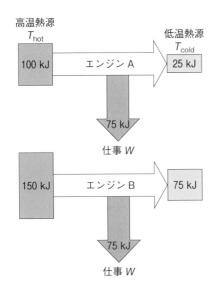

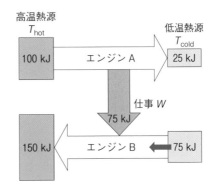

図 9.2　熱効率が 75%（上段）と 50%（下段）
　　　　のエンジンからなるヒートポンプ

図 9.3　熱効率が 75%（上段）と 50%（下段）の
　　　　エンジンを組み合わせたヒートポンプ

てはならない．つまり，100 kJ の熱を使い，150 kJ の熱をつくり出す暖房だと
考えればよい．

　熱は高温側から低温側へ移動するのが自然であり，その逆が自然に起こるこ
とはない．

▶ 9.4　熱効率 100% の否定

　熱効率が $\eta = 1$ のとき，入れた熱は 100% 仕事へ使われたことを意味する．
ただしそのためには，T_{cold} が 0 K（摂氏温度で −273.15 ℃）でなければならな
いことが，熱効率の式からわかる．

$$\eta = 1 - T_{cold}/T_{hot}$$

現在のところ，0 K の物質の存在は確認されていない．そこで必然的に，熱効
率 100% の熱機関は否定される．

▶ 9.5　エントロピー——増え続けるエネルギー

　孤立系では，いったん増えたエントロピーが自然に減ることはない．外部か
らエネルギーが与えられたときは別だが，巨視的に見れば，やはり系全体のエ
ントロピーは減らない．

エアコン（冷房）は，部屋を冷えた状態（エントロピー小）にする．部屋を孤立系と見立てれば，エントロピーは減少しているが，それ以上の熱風が室外機から出ている．外部まで合わせて（巨視的に）見ると，やはり合計のエントロピーは増大している．これを**熱力学の第二法則**と呼ぶ．

この増え続けるエントロピーはどこにいくのだろうか．その受け皿を超巨視的に考えてみよう．**宇宙**（universe）の外には何もないとすると，宇宙を最大の孤立系と見立てることができる．増え続けるエントロピーの受け皿として，宇宙は膨張し続けているという説がある．エントロピーはいったん増えたらもどらないという概念が**時間**（time）であると考えることができる．

▶ 9.6 エントロピーの数量化

エントロピー S は次の式で定義される．

$$\Delta S = \int dS = \int dq_{rev}/T = q_{rev}/T$$

この式から，エントロピーは絶対に減少しないことがわかる．たとえば，系A（低温）と系B（高温）でエネルギーのやりとりがあったとすると（**図9.4**），

Aのエントロピー変化　$dS_A = +q/T_{cold}$
Bのエントロピー変化　$dS_B = -q/T_{hot}$

当然 $T_{hot} > T_{cold}$ なので，全部のエントロピー変化は

$$dS = dS_A + dS_B = q/T_{cold} - q/T_{hot} > 0$$

となり，S は正となる．

上に示したように，ある物質が異なる温度（T_{cold} または T_{hot}）から同じ熱

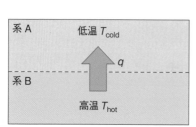

図9.4　低温と高温の系の間のエネルギー移動

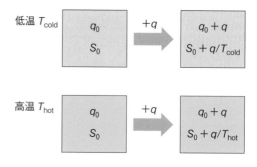

図9.5　温度によるエントロピー変化量の違い

(q) をもらったとする．同じ熱をもらったとしても，温度によってエントロピー変化量は異なる（**図9.5**）．

$$q/T_{\text{cold}} > q/T_{\text{hot}}$$

▶ 9.7　可逆変化

　エントロピーも状態関数（途中の経路によらず値が決まる数値）である．そのため，経路を**可逆変化**と指定する必要がある．つまり，数値化するための条件を決める．

　たとえば，等温条件で，重さと摩擦のないピストンがついた理想的なシリンダーに，1 mol の理想気体が入った系があるとしよう．シリンダーは熱容量の大きい理想的な熱源と接している．すなわちこの熱源は，シリンダーの温度が低下すればただちに熱を供給し，上昇すれば熱を吸収して常にシリンダーの温度を一定に保つ．

　今，気体の体積を 1.0 L，内圧を 10 atm とする．温度変化を無視できるくらいに，外圧 p_{ex} を少しずつ下げる（$p_1 \rightarrow p_2$）．つり合ったら，また外圧をほんの少し下げて，再びつり合わせる．このように見かけ上，平衡を保ちながら，10 atm，1.0 L の理想気体を最終的に 1.0 atm，10.0 L にしたとする（**図9.6**）．

　外界に対してこの系が行う仕事は

$$W = \int_{V_1}^{V_2} p\,\mathrm{d}V = RT\ln(10/1) = 23.0\,\text{L·atm}$$

となる．等温条件なので，系は仕事で失った分のエネルギーを熱として外界から吸収し，温度を一定に保つ．

　続いて，少しずつ外圧を大きくした場合，外界が系に対して仕事をする．上に示した式では，$p_{\text{ex}} = p$（内圧）かつ等温的に $V_2 \rightarrow V_1$ に変化させる（圧縮させる）から，圧力は一定ではない．したがって

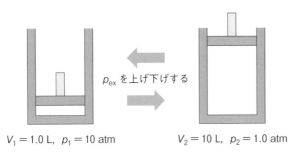

$V_1 = 1.0\,\text{L},\ p_1 = 10\,\text{atm}$ 　　　 $V_2 = 10\,\text{L},\ p_2 = 1.0\,\text{atm}$

図 9.6　理想的なシリンダーを用いた等温条件での理想気体の可逆変化

$$W = \int_{V_2}^{V_1} p\,\mathrm{d}V$$

となり，p を V の関数で書くと次のようになる．

$$W = \int_{V_2}^{V_1} (nRT/V)\,\mathrm{d}V = nRT\int_{V_2}^{V_1}(1/V)\,\mathrm{d}V = nRT\ln(V_1/V_2)$$

続けて少しずつ外圧を大きくした場合の仕事は

$$W = \int_{10}^{1} p\,\mathrm{d}V = RT\ln(1/10) = -23.0\ \mathrm{L\cdot atm}$$

となる．等温条件なので，系は仕事をされた分のエネルギーを熱として外界へ放出し，温度を一定に保つ．この二つの段階は，同じ量の仕事と熱が逆方向に移動している．最終的に系は元通りの状態になり，自然界に変化の痕跡を残さない．これを**可逆変化**という．

　以上の内容をエントロピー（S）変化について考えてみよう．まず，1 atm，10 L，1 mol のときの系（シリンダー）の温度 T は

$$T = pV/nR = (1\,\mathrm{atm} \times 10\,\mathrm{L})/(1\,\mathrm{mol} \times 0.082\,\mathrm{L\cdot atm/K\cdot mol}) = 122\ \mathrm{K}$$
$$\Delta S_{系} = 23\,\mathrm{L\cdot atm}/122\,\mathrm{K} = 0.189\ \mathrm{L\cdot atm/K}$$

となる．そしてシリンダーと接している熱源のエントロピー（外界，S_{surr}）は次のようになる．

$$\Delta S_{surr} = q_{surr}/T_{surr}$$

同時に熱源は $+23\,\mathrm{L\cdot atm}$ の熱を放出，すなわち $-23\,\mathrm{L\cdot atm}$ の熱を吸収する．

$$\Delta S_{surr} = -23\,\mathrm{L\cdot atm}/122\,\mathrm{K} = -0.189\ \mathrm{L\cdot atm/K}$$

したがって全体のエントロピー（ΔS_{univ}）は次のようになる．

$$\Delta S_{univ} = \Delta S_{系} + \Delta S_{surr} = 0$$

　実際には，エントロピー変化の熱は仕事と相殺されて測定できない．しかし，それぞれの条件を整えることで測定は可能になる．**図9.7**に，$\Delta S = q_{rev}/T$ を変形させることで算出可能になる式をまとめる．

▶ 9.8　生命とエントロピー

　この節は，生物系のみなさんには知っておいてほしい内容である．カルノー

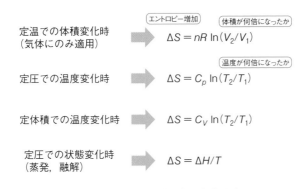

図 9.7　エントロピー変化を表す式

サイクルが可逆な系であることはわかった．それでは，生命はどうだろうか．

　生命は**ホメオスタシス**（秩序）を保って生きている．やがて生命活動を終えると「死」を迎える．肉体は，タンパク質，アミノ酸，脂質，やがて原子にまで分解する（あるいは，される）．俗にいう「土に還る」ということである．再び原子がアミノ酸，脂質，タンパク質となり，肉体が元にもどることはない．いったんバラバラになったものは元にもどらないのは熱力学の第二法則（乱雑性の増加）に合っている．

　しかし，生命活動をしている間は乱雑になることはない．実は生命とは，「死」を前提にすることで生存中の秩序を保っている．そして次世代へ種を保存している（受け継いでいる）のである．数値的に考えてみよう．ある大腸菌は 4.6 Mbp（460 万塩基対）の遺伝子をもっている（**図 9.8**）．そして 30 分に 1回（完全に遺伝子をコピーして）分裂し，増殖する．したがって 1 個の大腸菌は 1 年間で 17,520 回分裂を行うことになる．遺伝子が 460 万塩基対あると，コピーミスは統計学的に $1/10^9$（10 億塩基に 1 個）の確率で起こると計算され

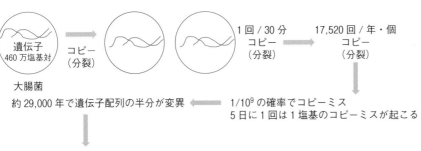

図 9.8　**大腸菌を例にした生命とエントロピー**
物事は乱雑に進むのが自然であるが，生命は無理をして生きることを選択し，エントロピーの増大を抑えている．

る. これは5日に1回1塩基のコピーミスが起こり, 500年後には40,000個の塩基が変わり, 約29,000年後には半数の遺伝子が変わることになる. もはや元の大腸菌とは別のものといっていい. 自分の1/5の遺伝子が違ったら, もはや自分ではないと思うかもしれない. しかし大腸菌は, 約35億年前からその姿を変えていない (つまり保存されている). 一方で, 1塩基くらい変わってもいいのではと考えるかもしれない. しかし, 一つの塩基の違いが致命的なこともある. つまりこの場合, 1回のコピーミスも許されない. 興味がある方は**一塩基多型** (**SNPs**)[*1]を調べてほしい.

実際は, コピーミスは起こっている. ただし, ミスがあった場合は生命活動をしない. たとえば, ニワトリが卵を4個産んだとする. そのうち3個はかえり, 雛となる. かえらなかった1個は遺伝子の何らかのコピーミスがあったと考えられる.

生まれた雛はやがてニワトリとなり, 卵を産む. 自身が死を迎えて土に還っても, 元の卵や雛にもどることはない (**図9.9**). つまり生命は絶対的に不可逆であると結論づけられる.

ただし, 個体が「死」を受け入れるまでは熱力学の第二法則に逆らって生命活動 (秩序) を続け, さらに種として生命活動に不利な遺伝子を排除し, 有利な遺伝子を保存している. これは, イギリスの生物学者チャールズ・ロバート・ダーウィン (1809~1882年) が唱えた**自然選択説** (1859年) とほぼ同じ内容である. 熱力学の第二法則は1872年にオーストリアの物理学者ルートヴィッヒ・エドゥアルト・ボルツマン (1844~1906年) が証明したが, その10年以上前にダーウィンは生命とエントロピーの関係に触れていたのである.

*1 スニップスと読む. ヒトSNPsは1000塩基に一つほどの割合で存在すると考えられており, 1人あたり300万から1000万存在すると見積もられている. SNPsが原因でタンパク質の機能に変異が生じ, 体質の多型, 疾患の原因を生み出している場合がある. 個人特有のSNPsを把握することで, 的確な疾患予防, 診断, 治療法が確立できると期待されている.

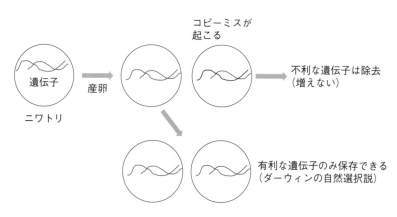

図9.9 ニワトリを例にした自然選択説
生物の個体は, 生きている間はホメオスタシスにより熱力学の第二法則に逆らい, やがて死を受け入れるかわりに, 種として有利な遺伝子を保存している. また生命は絶対的には不可逆である.

▶ 9.9 ギブス自由エネルギー──化学反応はどちらに進むか

エンタルピーとエントロピーから，化学反応が左右どちらに進むかを予測することができる．

ギブス自由エネルギー（G）とは，物質がもつ「仕事をする能力」（等温・等圧時）のことである．物質が化学反応をするとき，G は減少し，その分，外部に仕事がされる．式に表すと

$$\Delta G = \Delta H - T\Delta S$$

となり，H と S が式に含まれる．この式で，ΔH は化学反応が起こるときに必要なエネルギー量，$T\Delta S$ はその条件で外部に放出されるエネルギーと考えてほしい．ΔH よりも $T\Delta S$ が大きいとき（$\Delta G < 0$），反応は右に進み，反対のとき（$\Delta G > 0$）には反応は起こらない．

▶ 9.10 40℃の水

水が蒸発する際の変化は次のように表される．

$$H_2O(l) \longrightarrow H_2O(g) - 41.0\,kJ$$
$$\Delta H = 41.0\,kJ/mol, \quad \Delta S = 0.11\,kJ/K\cdot mol$$

図 9.10（a）に示すように，ふたつきの容器に 1.00 mol の液体の水が入っているとする．容器内の圧力は 1 atm とする．仮に蒸発が起こるとして，エンタルピー変化は次のように表される．

$$\Delta H = 41.0\,kJ/mol$$

これは，水（液体）1.00 mol を蒸発させるためには 41.0 kJ の仕事（エネルギー）を外部から与える必要がある，という意味である．エントロピー変化に由来するエネルギー（$T\Delta S$）を計算すると，次のようになる．

$$T\Delta S = 313\,K \times 0.11\,kJ/K\cdot mol = 34.4\,kJ/mol$$

この数値の意味するところは，もし水が蒸発しようとするなら，$T\Delta S$ が 34.4 kJ まではお手伝いできますということである．このエネルギーをすべて ΔH へ向けても

$$\Delta G = 41.0 - 34.4 = 6.6\,kJ/mol$$

となり，あと 6.6 kJ/mol のエネルギーをどこからか加えないと，蒸発は起こら

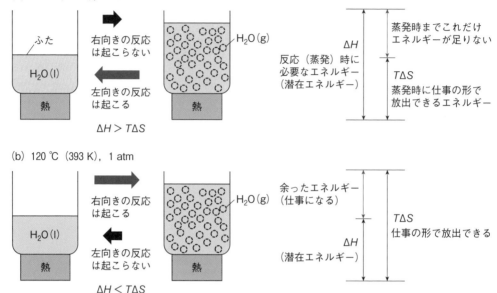

図 9.10 水の蒸発と凝縮
(a) の条件では凝縮が起こり，(b) の条件では蒸発が起こる.

ない（つまり右向きの反応が起こらない）ことを数値的に表している.

次に図 9.10 (b) に示すように，水温を 120℃ まで上げてみる．エンタルピー変化とエントロピー変化に由来するエネルギーは次のように表される.

$$\Delta H = 41.0 \, \text{kJ/mol}$$
$$T\Delta S = 393 \, \text{K} \times 0.11 \, \text{kJ/K·mol} = 43.2 \, \text{kJ/mol}$$

$T\Delta S$ のエネルギーのうち 41.0 kJ を ΔH へ向けると蒸発（右向きの反応）が起こり，余剰分の 2.2 kJ は仕事として外部へ放出されることが数値的に表されている．日常生活で考えると，フライパンに油を入れて 100℃ 以上に熱し，水滴を垂らすと水が一瞬のうちに蒸発し，余った水滴のギブス自由エネルギーは物理的な仕事として周りの油を吹き飛ばすこと（油跳ね）が理解できるだろう.

▶ 9.11 100℃ ちょうどの水

水が 100℃ になったと聞くと，「お湯が沸いた，沸騰した」とイメージするだろう．100℃ ちょうどのときは $\Delta H = T\Delta S$ となり，$\Delta G = 0$ となる．つまり，見かけ上反応が左右どちらにも進まない**平衡状態**（equilibrium condition）になる（図 9.11）.

実は，沸点や凝固点とは平衡状態を指している．100℃ から水の温度が無限

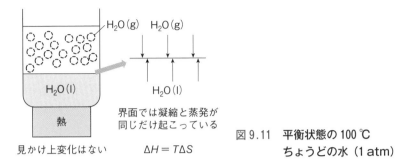

界面では凝縮と蒸発が
同じだけ起こっている

見かけ上変化はない　　　$\Delta H = T\Delta S$

図 9.11　平衡状態の 100 ℃
ちょうどの水（1 atm）

小だけ上がれば沸騰し，無限小だけ下がれば凝縮する．水が 0 ℃ちょうどのとき，凝固も融解も見かけ上反応は左右どちらにも進まない．

$\Delta G = 0$ の条件を探すことで，それより少しでも高温であれば $\Delta G > 0$（左向き，吸熱反応），低温であれば $\Delta G < 0$（右向き，発熱反応）と予測できる．

▶ 9.12　光合成とギブス自由エネルギー

植物は光を駆動力に，二酸化炭素と水からグルコースと酸素をつくり出す．これを**光合成**という．

$$6CO_2 + 6H_2O \longrightarrow C_6H_{12}O_6 + 6O_2$$

これは不自然な反応である．熱化学の観点から，本来，

$$C_6H_{12}O_6 + 6O_2 \longrightarrow 6CO_2 + 6H_2O + 2879\,\text{kJ/mol}$$

となり，グルコースが酸素と反応して燃焼し，二酸化炭素と水を生成し，2805 kJ/mol の熱を放出するはずである．つまり，光合成の反応が成立するには，どこからか 2879 kJ/mol 分の仕事エネルギーをもってこなければならない．光合成で得られるエネルギーは約 6300 kJ/mol であるから，十分に反応を右向きに進めることができる．この現象もまた，熱力学の第二法則に逆らっていることがわかり，生命現象の面白いところである．

練習問題

1. 窒素の融解のエントロピー変化（−210.02 ℃，融解熱 720.9 J/mol）と 1 atm における沸点でのエントロピー変化（−195.84 ℃，気化熱 5535.0 J/mol）をそれぞれ求めなさい．

2. 1 atm の定圧下，−78.5 ℃ のドライアイス 200 g を 25 ℃ の二酸化炭素（気体）に変化させた．系のエントロピー変化を求めなさい．ただしドライアイスのモル昇華熱は 25.16 kJ/mol，二酸化炭素（気体）の C_p は 37.1 J/K·mol とする．

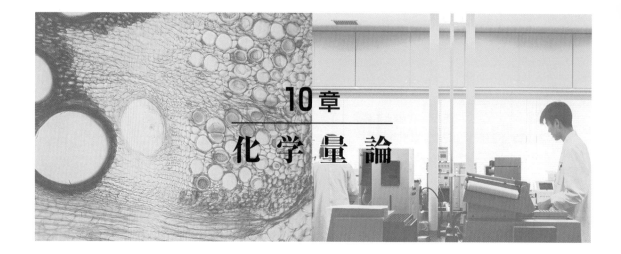

▶ 10.1 化学量論の由来と意義

　化学量論とは，物質を構成する元素の組成比を考えることである．英語では stoichiometry（ストイキオメトリ）と書く（読む）．見慣れないスペルかもしれない．1792 年にドイツの化学者イェレミアス・ベンジャミン・リヒター（1762〜1807 年）が，元素の量的な測定法を解説した際に使った用語で（ドイツ語も同じスペル），ギリシャ語の *stoicheion*（元素）と *metron*（測る）に由来する．

　化学量論的思考に立つと，化学反応で，反応物と生成物の量をあらかじめ計算できる．これからいくつかの化学反応式を例にとるが，おそらく学生のみなさんは当たり前のことで，化学量論という仰々しい用語とのギャップを感じるかもしれない．しかし，化学反応を行う際に必要とされる試薬量を決められることは科学的・経済的に重要である．

▶ 10.2 水の電気分解を化学量論で考える

　水（H_2O）を電気分解して，水素（H_2）と酸素（O_2）を生成する反応を考えよう．

　化学反応式では，左辺と右辺で原子の数に矛盾がないように各分子の係数を考える．次の反応式

$$H_2O \longrightarrow H_2 + O_2$$

では，酸素原子の数が左辺と右辺で一致していない．係数を考慮して，2 分子の水素が 1 分子の酸素と反応するとすれば矛盾がない．

$$2H_2O \longrightarrow 2H_2 + O_2$$

実際，国際宇宙ステーションでは，水を電気分解することで酸素がステーション内へ供給されている．たとえば，酸素をちょうど 10 kg 製造したいとき，水はどのくらい必要だろうか．端的にいえば，これが化学量論的思考である．

反応式の分子（または原子）の横に示される数字（係数）は，この反応にかかわる分子（原子）が何 mol かかわっているかを表している．水の電気分解は次のように表される．

$$2H_2O \xrightarrow{\ 1.48\,V\ } 2H_2 + O_2 \tag{1}$$

この反応式は，2 mol の水が電気分解のエネルギーによって 2 mol の水素と 1 mol の酸素を生成することを表している．

左辺と右辺で矛盾なく成立する化学反応式は，一つの反応に用いられる各分子（原子）の数と，それら分子（原子）の量比を表している．水の電気分解では H_2O が 2，H_2 が 2，O_2 が 1 で，量比で表すと

$$H_2O : H_2 : O_2 = 2 : 2 : 1$$

となる．つまり，2 mol の水が電気エネルギーにより 2 mol の水素と 1 mol の酸素を生成するとわかる．当然のことと思うかもしれないが，式 (1) を言葉で説明すると，このようになる．

モル数がわかれば，物質量（重さ）で表現することも可能になる．実験室で試薬を秤量するときには，こちらのほうが重要である．

水素の原子量は 1.0，酸素の原子量は 16 であるから，1 mol の H_2O は 18 g，H_2 は 2.0 g，O_2 は 32 g となる．式 (1) によれば

$$2H_2O \xrightarrow{\ 1.48\,V\ } 2H_2 + O_2 \tag{1}$$

2 mol	2 mol	1 mol
36 g	4.0 g	32 g

つまり，36 g の水が分解されて，4.0 g の水素と 32 g の酸素が生成される．生成された物質の質量（重さ）の総和は，分解（反応）前の物質と等しいこともわかる（**質量保存の法則**）．化学量論の問題は，上に説明した考え方がわかれば，化学反応の種類が変わっても解くことができるだろう．

水の電気分解の逆反応は

$$2H_2 + O_2 \longrightarrow 2H_2O$$

であり，水素と酸素から電流（$4e^-$）を取り出すことができる．いわゆる**燃料**

column　SDGs と燃料電池

ほんの 150 年ほど前は，夜は真っ暗だったし，部屋の中も，夏は暑く，冬は寒かった．エネルギー源が石炭から石油に代わり，急速に私たちの生活は便利になった（これをエネルギー革命という）．それと引き換えに，環境汚染が深刻化した．2015 年の国連サミットで「持続可能な開発のための 2030 アジェンダ」が提唱され，17 のゴールが決められた（2030 年以降に本書を読んでいる方には，どれが達成されたのか確認してほしい）．

そのゴールのうち，持続可能な開発目標 7 に「エネルギーをみんなに，そしてクリーンに（Affordable and Clean Energy）」が掲げられている．水素燃料電池は，その目標達成に適した化学媒体である．つまり電池内では次のような反応が起こり，

負極：$2H_2 \longrightarrow 4H^+ + 4e^-$

正極：$O_2 + 4H^+ + 4e^- \longrightarrow 2H_2O$

全反応：$2H_2 + O_2 \longrightarrow 2H_2O$

二酸化炭素（CO_2）や硫黄酸化物（SO_x）を発生しない．しかも反応の 8 割を電気に変換できる（ガソリンなどを用いる燃焼機関は 4 割程度）．一般に電池は反応物が生成物に変わるときの放電を利用したもので，一次電池は使い切り（disposable），二次電池は充電することで再利用可能（reusable）である．一方，燃料電池は，外部から燃料（ここでは水素）を供給し，

酸素と反応させて発電する仕組みである（図 10A）．

従来の燃料供給型発電システムと比較しても，シンプルかつクリーンで高効率なシステムであることがわかるだろう．

水素と酸素の反応は中学校で習うし，この反応は 200 年以上前からわかっていた．しかし，なぜこの反応をメインにエネルギー政策がとられなかったのだろうか．みなさんも考えてみてほしい．

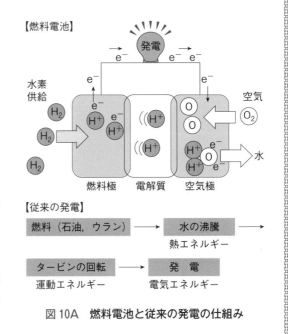

図 10A　燃料電池と従来の発電の仕組み

電池（fuel cell，FC）である．燃料電池については column を参照してほしい．

▶ 10.3　高分子を化学量論で考える

化学量論は高分子にも適用できる．**グルコース**（$C_6H_{12}O_6$）は広く動植物の体内に存在している．ヒトの体内では解糖系 → クエン酸回路 → 電子伝達系の順に代謝され，アデノシン三リン酸（ATP）の合成に利用される．グルコースはエネルギー産生にかかわる重要な分子である．そして余剰分はグリコーゲンとなり，体内に貯蔵される．

工業的には，サツマイモなどのデンプンを多く含む農産物を希酸で加水分解

することでグルコースは得られる.

$$(C_6H_{10}O_5)_n + nH_2O \xrightarrow{\text{希酸 H}^+} nC_6H_{12}O_6 \tag{2}$$

今,グルコースを 1080 g 得たいとしよう.まず,何が与えられていて何を求めるのかを考え,左辺と右辺を矛盾なく成立させる.

$$\underset{x\,\text{g}}{(C_6H_{10}O_5)_n} + \underset{y\,\text{g}}{nH_2O} \longrightarrow \underset{1080\,\text{g}}{nC_6H_{12}O_6}$$

この反応では,デンプン:水:グルコース $= 1:1:1$ である.

次に,$C_6H_{12}O_6$ 1080 g は何 mol かを求める.

$$C_6H_{12}O_6 \text{ のモル数} = 1080\,\text{g} \times (1\,\text{mol}/180\,\text{g}) = 6.0\,\text{mol}$$

これで反応式の右辺の $C_6H_{12}O_6$ の n が決定できた.つまり $n = 6.0$ である.

次に,反応式の係数を用いて他の分子のモル数を求める.これについてはすべて 6.0 mol である.

最後に,各分子のモル数から重量を求める.

$$(C_6H_{10}O_5)_6 \text{ の重量} = 6.0\,\text{mol} \times (162\,\text{g}/1\,\text{mol}) = 972\,\text{g}$$
$$6H_2O \text{ の重量} = 6.0\,\text{mol} \times (18\,\text{g}/1\,\text{mol}) = 108\,\text{g}$$

したがって次のようになる.

$$\underset{972\,\text{g}}{(C_6H_{10}O_5)_6} + \underset{108\,\text{g}}{6H_2O} \longrightarrow \underset{1080\,\text{g}}{6C_6H_{12}O_6}$$

ここで,反応物であるデンプンと水の総重量は

$$972 + 108 = 1080\,\text{g}$$

となり,生成された物質の質量(重さ)は,反応前の物質の質量の総和と等しい(**質量保存の法則**).これは計算が合っているかの確認にもなる.

▶ 10.4 化学量論から反応の正しさを確認する

脳内の**カテコールアミン**[*1] の代謝について考えてみよう.

ドーパミン(dopamine, DA)は**脳内神経伝達物質**(neurotransmitter)の一つで,意欲や幸福感,運動などさまざまな生命活動にかかわっている.脳内でドーパミンは,複数の代謝経路により,さまざまな代謝物になる(**図 10.1**).今,ドーパミン(DA)の代謝物である 3-メトキシ-4-ヒドロキシフェネチルアミ

*1 神経伝達物質の総称で,ドーパミン,アドレナリンなどがある.

127

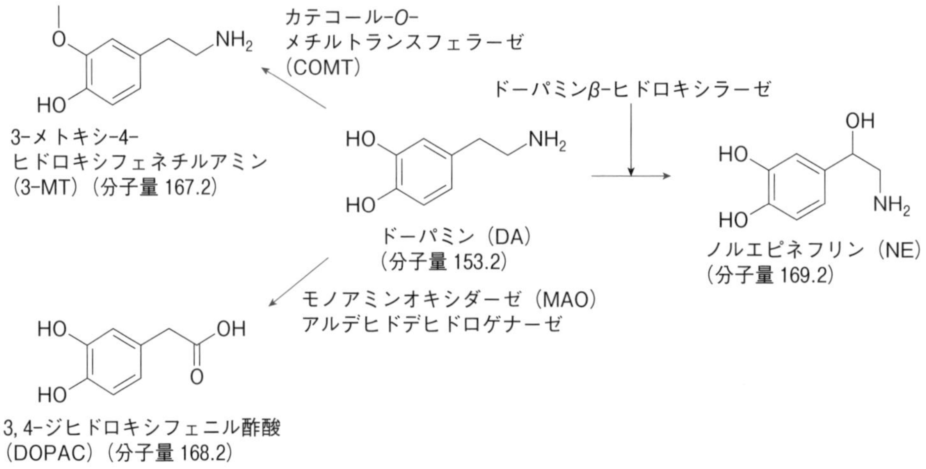

図10.1　ドーパミンから生成するさまざまな代謝物

ン（3-MT），3,4-ジヒドロキシフェニル酢酸（DOPAC），ノルエピネフリン（NE）がそれぞれ 0.836 mg，33.64 mg，8.46 mg 生成された．出発物質の DA の重量を求めたい．

一番簡単なのは，各生成物の重量から各モル数を算出し，合計することである．

$$3\text{-MT のモル数} = (836 \times 10^{-6}\,\text{g}) \times (1\,\text{mol}/167.2\,\text{g})$$
$$= 0.005\,\text{mmol} = 5\,\text{μmol}$$
$$\text{DOPAC のモル数} = (33.64 \times 10^{-3}\,\text{g}) \times (1\,\text{mol}/168.2\,\text{g})$$
$$= 0.2\,\text{mmol} = 200\,\text{μmol}$$
$$\text{NE のモル数} = (8.46 \times 10^{-3}\,\text{g}) \times (1\,\text{mol}/169.2\,\text{g})$$
$$= 0.05\,\text{mmol} = 50\,\text{μmol}$$

したがって各生成物のモル数の合計は次のようになり，

$$3\text{-MT のモル数} + \text{DOPAC のモル数} + \text{NE のモル数} = 5 + 200 + 50$$
$$= 255\,\text{μmol}$$

ドーパミンの重量は次のように求められる．

$$\text{DA の重量} = 255 \times 10^{-6}\,\text{mol} = 0.039066\,\text{g} = 39.066\,\text{mg}$$

各生成物の重量を質量保存の法則に当てはめると

$$3\text{-MT の重量 } 0.836\,\text{mg} + \text{DOPAC の重量 } 33.64\,\text{mg} + \text{NE の重量 } 8.46\,\text{mg}$$
$$- 42.936\,\text{mg}$$

となり，上で求めた DA の重量 39.066 mg と合わない．ドーパミンの代謝では一つの出発物質から複数の生成物ができるので，それぞれの反応を見ていく．

まず DA → 3-MT では，酵素によって DA にメチル基が付与され，3-MT になる．分子量は 14 増加する．つまり，DA のヒドロキシ基の H（質量 1）がとれて，メチル基（$-CH_3$, 質量 15）が付与され，質量が 14 増加する．メチル基が付与する反応分の重量を計算すると，次のようになる．

> メチル基の反応分の重量 × 3-MT のモル数 ＝ 14 g/1 mol × 5 µmol
> ＝ 0.07 mg

同様に DA → DOPAC では，酵素によって DA のアミノ基を含む部分（$-CH_2-NH_2$, 質量数 30）がカルボキシ基（$-COOH$, 質量数 45）に置換され，DOPAC になる．そして，増加する重量は次のように計算される．

> 15 g/1 mol × 200 µmol ＝ 3.0 mg

同様に DA → NE では，酵素によって DA の水素（H, 質量数 1）がヒドロキシ基（$-OH$, 質量数 17）に置換され，NE になる．そして，増加する重量は次のように計算される．

> 16 g/1 mol × 50 µmol ＝ 0.8 mg

以上により，各反応で増加した重量の総和は次のようになる．

> 0.07 ＋ 3.0 ＋ 0.8 ＝ 3.87 mg

すでに求めた各生成物の総重量 42.936 mg から DA の重量 39.066 mg を引くと

> 42.936 － 39.066 ＝ 3.87 mg

となり，反応の前後で，出発物質である DA との質量差はない．つまり質量保存の法則は成立している．

このように複雑な反応についても，化学量論的に考えることで矛盾のない反応を予測し，実験結果が正しいのかどうかを理論的に確認することができる．

練習問題

1. アンモニア（NH_3）について以下の問いに答えなさい．
   a．次の反応式を右辺と左辺が合うように書き直しなさい．
      $N_2 + H_2 \longrightarrow NH_3$
   b．アンモニアを 170 kg 生産したい．窒素と水素の必要量を重量とモル数の両方で求めなさい．

　　　c．この反応はハーバー-ボッシュ法として有名である．「空気からパンをつく
　　　　る」ともいわれた反応である．なぜ，そういわれたのか答えなさい．

2.　線香花火では，硝酸カリウム（KNO_3）が高温条件では亜硝酸カリウム（KNO_2）
　　になり，酸素（O_2）を放出する．その O_2 が炭素（C）や硫黄（S）と反応して燃
　　焼する．これが火花である．

　　　a．次の化学式を左辺と右辺が合うように書き直しなさい．

　　　　　　$KNO_3 \longrightarrow KNO_2 + O_2$

　　　b．亜硝酸カリウムが 1 g 生成されるとき，硝酸カリウムの必要量と酸素の生成
　　　　量を重量とモル数の両方で求めなさい．

3.　家庭用の LPG（液化石油ガス）の主成分はプロパン（C_3H_8）である．プロパン
　　が酸素と反応して燃焼することでエネルギーが取り出される．反応が完全に進む
　　と二酸化炭素（CO_2）と水（H_2O）を生成する．

　　　a．このときの化学反応式を書きなさい．

　　　b．88 g の C_3H_8 を酸素と反応させて完全燃焼させたとき，使われた酸素の重量
　　　　を求めなさい．また，発生した CO_2 は標準状態で何 L か求めなさい．

4.　ショウガに含まれる独特の辛味の主成分は [6]-ジンゲロールである．ジンゲロ
　　ールは 80 ℃ で加熱すると，脱水反応により [6]-ショウガオールに変化する．

　　[6]-ジンゲロール（$C_{17}H_{26}O_4$）　　　　　　　[6]-ショウガオール（$C_{17}H_{24}O_3$）

　　[6]-ショウガオールは [6]-ジンゲロールに比べて舌先に鋭い辛味があるが，体
　　を温める機能が [6]-ジンゲロールよりも強いとされる機能性成分である．100 g
　　のショウガには 6×10^{-2} 重量% の [6]-ジンゲロールが含まれている．

　　　a．ショウガ 1 g あたり [6]-ジンゲロールは何 mol 含まれているか求めなさい．

　　　b．90% の反応効率で [6]-ジンゲロールが [6]-ショウガオールに変化したとす
　　　　る．[6]-ショウガオールの 1 日の摂取目安が 10 mg であるとすると，ショ
　　　　ウガを 1 日に何 g 摂取するのが好ましいか計算しなさい．

▶ 11.1　錬金術から化学へ

　化学とは「変化を追求する**学**問」である．古くは古代エジプトで始まり，古
代ギリシャに伝わった．アラビアで発展した**錬金術**（alchemy）は，12世紀ヨ
ーロッパに伝わり，卑金属から貴金属（もっぱら金）を生み出す錬金術が盛ん
に研究された．alchemy が chemistry（化学）の語源である．ともあれ，18世
紀頃まで続いた錬金術のおかげで，さまざまな物質を混合した生成物が生み出
され，また実験に使う器具が多数発明された．近代科学への貢献は計り知れな
い[1]．

　この章では，ある条件下で物質Aが物質Bに変化する様子を**反応式**（reaction
formula）で理解・記述できるように学んでいきたい．

▶ 11.2　化学反応式を書く

　化学変化を捉えるために，反応物質と生成物の関係を式で表したものを**化学
反応式**と呼ぶ．このとき，物質間の原子の組換えを考慮し，化学反応の前後で
原子の数や種類は変わらないことを押さえておこう．

　化学反応式には，いくつかの書き方がある．以下に，水素と窒素からアンモ
ニアが生成する化学反応を例に考えていこう．

11.2.1　物質名反応式
　この化学反応を**物質名反応式**で書くと，次のようになる．

*1　当時，残念ながら金を
生み出すことはできなかった
が，20世紀になって採算を
度外視すれば，水銀（Hg）
から金（Au）をつくること
に成功した．ただし，この反
応には放射性崩壊が伴う．

$$水素 + 窒素 \longrightarrow アンモニア$$
$$（反応物質）\qquad （生成物）$$

反応物質群（reactants）を左辺に，化学反応によって生成する物質（products）を右辺に書く．＋は前の物質と反応することを意味し，$\longrightarrow$ は反応により右側の物質を生じることを意味する．文章にすれば，上の反応式は，水素と窒素が反応してアンモニアが生じることを表している．

11.2.2 化学式反応式

物質名反応式を元に，それぞれの物質を**化学式**で表そう．

$$水素 + 窒素 \longrightarrow アンモニア$$
$$\downarrow \qquad\qquad\qquad \downarrow$$
$$H_2 + N_2 \longrightarrow NH_3$$

化学反応の前後で原子の数や種類は同じでなければならないが，上の式は左辺と右辺で原子数が一致していない．

考え方はいくつかあるが，ここでは頭の中で，1 mol の窒素分子から 2 mol のアンモニア（窒素原子が 1 個）ができるだろうと考える．そうであれば，2 mol のアンモニアには水素原子が 6 mol 必要になる．そうすると，6 mol の水素原子から 3 mol の水素分子ができる．したがって次のように表される．

$$3H_2 + (1)N_2 \longrightarrow 2NH_3$$

こうして，両辺で各原子の数に矛盾がないように係数を決めることができた．あるいは**図 11.1** のような分子モデルを参考にしてもよい．係数は最も簡単な整数比が望ましい．係数が 1 の場合は省略するので，実際は次のように表す．

$$3H_2 + N_2 \longrightarrow 2NH_3$$

---

column 「科学」とは

日本語はよくできていて，言葉の意味を教えてくれる．著者（平）は分析化学者なので，ものごとや事象をばらばらにすることが好きである．「科学」は一つの言葉であるが，分解すると，「科＝ものごと」，「学＝よりよく理解するための考え方」という意味になる．「ものごとをよりよく理解するための考え方」が科学なら，文系も理系も関係ない．ものごととは自然で起こる事象であり，私たちが住む世界のことである．み

なさんがこれから学ぶことのすべては「科学」であり，「学問」なのである．

そして学んだことは，この世界をよりよくするための知識（情報）である．あとは，知恵（能力）を正しく使って素敵な科学者になってほしい．科学を使う場面では，決して大人しくしている必要はない．積極的に前に出ていってほしい．とくに最近の学生さんを見て，そう思う．

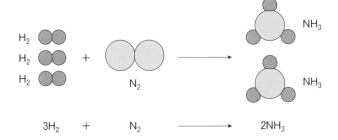

図11.1　化学反応式の係数を求めるための分子モデル

　このように頭の中で整理しながら係数を決めることが多い．ただし，係数が反応式から簡単に決められない場合は，両辺の各元素の原子数から連立方程式をつくり，値を求める．

　たとえば使い捨てカイロは，鉄（Fe）が空気中の酸素（O_2）と水（H_2O）と反応し，水酸化第二鉄〔$Fe(OH)_3$〕になるときに出る熱を利用したものである．まず，元になる反応式は

$$Fe + O_2 + H_2O \longrightarrow Fe(OH)_3 + 熱 \tag{1}$$

である．ここで各物質の係数を $a,\ b,\ c,\ d$ とすると

$$a Fe + b O_2 + c H_2O \longrightarrow d Fe(OH)_3 + 熱 \tag{2}$$

となる．鉄原子（Fe）の左辺と右辺の関係は 1：1 なので

$$a = d \quad \cdots\cdots ①$$

酸素原子（O）の左辺と右辺の関係より

$$2b + c = 3d \quad \cdots\cdots ②$$

水素原子（H）の左辺と右辺の関係より

$$2c = 3d \quad \cdots\cdots ③$$

$b,\ c,\ d$ を $a\ (a \neq 0)$ で表すと，①から

$$d = a \quad \cdots\cdots ④$$

③から

$$2c = 3d = 3a$$
$$c = 3/2a \quad \cdots\cdots ⑤$$

⑤を用いて②を a と b の式に直すと

$$2b + 3/2a = 3a$$
$$b = 3/4a$$

したがって a, b, c, d の比は

$$a:b:c:d = a:3/4a:3/2a:a = 1:3/4:3/2:1$$

と表すことができ，最も簡単な整数比に直すと

$$a:b:c:d = 4:3:6:4$$

となり，式 (2) は

$$4Fe + 3O_2 + 6H_2O \longrightarrow 4Fe(OH)_3 + 熱 \tag{3}$$

となる．左辺と右辺で原子数の総和に変化はない．ちなみに熱は，鉄 4 mol（約 223 g）から 1600 kJ = 1.6 MJ 発生する．これは 5 kg の氷を溶かすエネルギーに相当する．実際は，一度にエネルギーは開放されず，40 ℃の熱を 12 時間ほど持続する．

11.2.3 イオン反応式

たとえば硝酸銀（$AgNO_3$）水溶液に塩化ナトリウム（$NaCl$）を加えると，化学反応が起こり，塩化銀（$AgCl$）が沈殿物（precipitation）として目視できる．化学反応式は

$$AgNO_3 + NaCl \longrightarrow AgCl\downarrow + NaNO_3 \tag{4}$$

となる．ここで↓は沈殿を表す．

式 (4) では，反応後に $AgCl$ の沈殿物は目視できるが，$NaNO_3$ は反応液に溶けているので見えない．「溶けている」とは「原子がイオンとして存在している」ともいえる．そこで式 (4) は次のように表すことができる．これを**イオン式**と呼ぶ.

$$Ag^+ + NO_3^- + Na^+ + Cl^- \longrightarrow AgCl\downarrow + Na^+ + NO_3^- \tag{5}$$

このようにイオンが反応にかかわる場合，反応しないイオンを省略して表記することがある．これを**イオン反応式**と呼ぶ.

$$Ag^+ + Cl^- \longrightarrow AgCl\downarrow \tag{6}$$

▶ 11.3 化学反応の種類

この節では，これまで学んできた**化学反応**（chemical reaction）をいくつか
に分類し，なぜ「A + B ⟶ AB」になるのか説明しよう．どうして AB に
なるのか疑問をもってくれればうれしい．

11.3.1 化合反応

化合反応（combination reaction）とは，二つ以上の物質が化合して（くっつ
いて）一つの物質を生成する反応である．反応式で表せば次のようになる．

$$A + B \longrightarrow AB$$

(1) 鉄の酸化

鉄（Fe）の酸化は次の反応式で表される．

$$4Fe + 3O_2 \longrightarrow 2Fe_2O_3$$

つまり鉄が空気中の酸素（O_2）に触れて酸化され，酸化鉄（Fe_2O_3）になる．い
わゆる錆である．Fe は 2 価であるが，錆ることで 3 価になっていることも反
応式から読みとってほしい．

(2) 銀の酸化

銀（Ag）は，金やプラチナと比べると反応しやすい貴金属である．銀イオン
にヒドロキシイオンを加えると，茶褐色（黒色と表現する場合もある）を呈す
る酸化銀（Ag_2O）になる．イオン式では次のように表される．

$$2Ag^+ + 2OH^- \longrightarrow Ag_2O + H_2O$$

銀は空気中の酸素と反応することはない．もし銀が空気中の酸素と反応する
なら，銀食器や指輪が茶褐色になるはずである．

ただ，銀の指輪がいつのまにか黒ずんでいることがある．これは排気ガスな
ど，空気中の硫黄化合物である硫化水素（H_2S）と反応して，黒色を呈する硫
化銀（Ag_2S）になるためである．

$$2Ag + H_2S \longrightarrow Ag_2S + H_2$$

硫黄泉の温泉でも銀の指輪は黒ずむ．それは硫黄の蒸気と反応するからである．

$$2Ag + S \longrightarrow Ag_2S$$

11.3.2　分解反応

分解反応（decomposition reaction）とは，一つの物質が分解して二つ以上の物質が生成する反応である．化合反応とは逆向きの反応である．

$$AB \longrightarrow A + B$$

(1)　金属酸化物の分解

酸化銀（Ag_2O）は加熱により銀と酸素に分解される．

$$2Ag_2O \xrightarrow{\text{加熱}} 4Ag + O_2$$

茶褐色の酸化銀が白色（あるいは薄紫色）の銀になる．また銀になることで導電性も見られることから，この反応は分解反応のデモンストレーションに適している．ただし費用の面で，他の分解反応（たとえば炭酸水素ナトリウム，$NaHCO_3$）に比べると高い[*2]．

＊2　酸化銀は 250 円/g，炭酸水素ナトリウムは 13 円/g である．

一方，炭酸水素ナトリウムの分解反応は次のように表される．

$$2NaHCO_3 \longrightarrow Na_2CO_3 + CO_2 + H_2O$$

炭酸水素ナトリウムは俗に重曹と呼ばれる物質で，ドラックストアやスーパーマーケットでも購入できる．この反応で生成される二酸化炭素は，ベーキングパウダーでパンや菓子類を膨らます役目をする．

ただし，同時に生成される炭酸ナトリウム（Na_2CO_3）は苦みがあり，アルカリ性を示す．そこで酸（通常は酒石酸，$C_4H_6O_6$）を加えることで，酒石酸ナトリウム（$Na_2C_4H_4O_6$）という苦みの少ない塩をつくる．この反応は次のように表される．

$$Na_2CO_3 + C_4H_6O_6 \longrightarrow Na_2C_4H_4O_6 + CO_2 + H_2O$$

(2)　非金属酸化物の分解

過酸化水素（H_2O_2）の分解は次のように表される．

$$2H_2O_2 \longrightarrow 2H_2O + O_2$$

過酸化水素は強力な還元剤であり，水と酸素が生成される反応を起こす．塩素を生じないため安全とされ，殺菌や毛髪の脱色などに使用されている．オキシドールという名称がなじみ深い．

過酸化水素のような非金属酸化物には，大きく分極した共有結合（XO）があるのも特徴である．

(3)　金属塩素酸塩の分解

塩素酸塩とは，塩素酸（$HClO_3$）の水素を金属に置換した化合物である．不

安定な物質で，取扱いを間違えると爆発する危険性がある．

塩素酸ナトリウム（NaClO₃）の分解は次のように表される．

$$2NaClO_3 \xrightarrow{\text{加熱}} 2NaCl + 3O_2$$

300℃以上で加熱すると，分解して塩化ナトリウムと酸素を生成する．紙の原料であるパルプの漂白に用いる二酸化塩素（ClO₂）の原料になる．

塩素酸カリウム（KClO₃）の分解は次のように表される．

$$2KClO_3 \xrightarrow{\text{加熱}} 2KCl + 3O_2$$

最近あまり見かけないが，マッチ（漢字では燐寸）の頭の部分（頭薬部という）は，塩素酸カリウム（酸化剤として酸素を供給）と硫黄（燃焼剤）からできている．これをマッチ箱の横（側薬部）の赤燐（茶色い部分）でこすると発火する．つまり，頭薬部を側薬部でこすると，側薬部の赤燐が頭薬部につき，加えて摩擦熱で塩素酸カリウムから酸素が生成される．この酸素と赤燐が反応して燃焼し，続いて硫黄が燃焼剤として燃える．リンと硫黄の燃焼は次のように表される．

リン：$4P + 5O_2 \longrightarrow P_4O_{10}$
硫黄：$S + O_2 \longrightarrow SO_2$

(4) 金属炭酸塩の分解

炭酸カルシウム（CaCO₃）の分解は次のように表される．

$$CaCO_3 \xrightarrow{\text{加熱}} CaO + CO_2$$

炭酸カルシウムは貝殻や真珠の構成成分であり，身近なところではチョークの材料である．

(5) 金属水酸化物の分解

（4）の炭酸カルシウムを分解して得られた酸化カルシウム（CaO）に，水を加えると，水和熱を生じながら水酸化カルシウム〔Ca(OH)₂〕を生成する．

$$CaO + H_2O \longrightarrow Ca(OH)_2$$

逆に Ca(OH)₂ を加熱すると，CaO にもどる．

$$Ca(OH)_2 \xrightarrow{\text{加熱}} CaO + H_2O$$

11.3.3 置換反応

置換反応（replacement reaction）とは，元素と化合物，あるいは化合物同士

の間で元素が置き換わる反応である.

(1) A＋BC ⟶ AC＋B の置換反応

マグネシウムと硫酸の反応は次のように表される.

$$Mg + H_2SO_4 \longrightarrow MgSO_4 + H_2$$

マグネシウムと硫酸を反応させると，硫酸マグネシウムと水素が発生する. 硫酸マグネシウムは電解質の補給を目的に点滴剤に用いられるほか，腸で吸収されにくいことから腸管の水分率を上げ，排便を促す効果があり，便秘薬として用いられる[*3].

*3 マグネシウムなど金属塩の大量摂取は身体への負担が大きいので，必ず医師や薬剤師と相談して服薬すること.

(2) A⁺B⁻ ＋ C⁺D⁻ ⟶ A⁺D⁻ ＋ C⁺B⁻ の反応

上に示す反応にはイオンを交換するもので，通常，水中で起こる. 塩（salt, 陽イオンと陰イオンからなる化合物）の間で起こる反応として，たとえば次のものを考えよう.

$$BaCl_2 + Na_2SO_4 \longrightarrow 2NaCl + BaSO_4$$

塩化バリウム（$BaCl_2$）も硫酸ナトリウム（Na_2SO_4）も，それぞれ水に溶解する. 溶解しているとは，それぞれが Ba^+ と Cl^-，Na^+ と SO_4^{2-} に解離（dissociation）しているということである. 水中で $BaCl_2$ や Na_2SO_4 としては存在していないことに注意してほしい.

今，$BaCl_2$ と Na_2SO_4 を混合すると交換反応が起こり，NaCl と $BaSO_4$ が新たに生成される. 塩化ナトリウムは水に可溶なので溶液中に存在するが，硫酸バリウムは水に不溶なので沈殿物として現れる.

$$BaCl_2 + Na_2SO_4 \longrightarrow 2NaCl + BaSO_4\downarrow$$

(3) 中和反応

中和反応（neutralization reaction）とは**酸**（acid）と**塩基**（base）の交換反応である. 酸と塩基の反応では塩と水が生成される.

ここで酸とは，水中で水素イオンと非金属イオンに解離したものであり，塩基とは，水中で金属イオンと水酸化物イオンに解離した物質を指す.

たとえば，塩酸と水酸化ナトリウムの反応は次のように表される.

$$HCl + NaOH \longrightarrow NaCl + H_2O$$

他にも多くの酸と塩基の交換反応がある.

- 硝酸と水酸化ナトリウムの反応
  $$HNO_3 + NaOH \longrightarrow NaNO_3 + H_2O$$

- 硝酸とアンモニアの反応

$$HNO_3 + NH_4OH \longrightarrow NH_4NO_3 + H_2O$$

- 酢酸と水酸化ナトリウムの反応

$$CH_3COOH + NaOH \longrightarrow CH_3COONa + H_2O$$

- 炭酸と水酸化カリウムの反応

$$H_2CO_3 + 2KOH \longrightarrow K_2CO_3 + 2H_2O$$

- リン酸と水酸化リチウムの反応

$$H_3PO_4 + 3LiOH \longrightarrow Li_3PO_4 + 3H_2O$$

▶ 11.4 反応性系列を用いた化学反応の予測

中学校以来, これまでに教えられた反応では, $AB + CD \longrightarrow AD + CB$ で相手を必ず変える (交換する) のが当然とされてきた. しかし, すべての元素の間で交換反応は起こるのだろうか.

表 11.1 は, 元素の活性 (反応性) 順に並べた**反応性系列** (activity series) である. この表を用いることで, 交換反応 (とくに**単置換反応**) が起こるかどうかを予測し, 実験を行うことができる. たとえば

$$Mg + Cu(NO_3)_2$$

は, 表で見ると Mg のほうが Cu よりも反応性が高い. したがって

$$Mg + Cu(NO_3)_2 \longrightarrow \\ Mg(NO_3)_2 + Cu$$

の反応は起こる. この逆の反応は起こらない.

$$Mg(NO_3)_2 + Cu \xrightarrow{\times} \\ Cu(NO_3)_2 + Mg$$

表 11.1　元素の反応性系列

反応性	金属	非金属
高い	リチウム (Li)	フッ素 (F)
	カリウム (K)	塩素 (Cl)
	カルシウム (Ca)	臭素 (Br)
	ナトリウム (Na)	ヨウ素 (I)
	マグネシウム (Mg)	
	アルミニウム (Al)	
	亜鉛 (Zn)	
	クロム (Cr)	
	鉄 (Fe)	
	ニッケル (Ni)	
	スズ (Sn)	
	鉛 (Pb)	
	水素 (H)	
	銅 (Cu)	
	水銀 (Hg)	
	銀 (Ag)	
	白金 (Pt)	
低い	金 (Au)	

▶ 11.5　酸化還元反応

酸化（oxidation）は，化学反応における物質の「電子の喪失」である．昔は酸素を伴う反応のみを指していたが，現在は酸素を伴わない反応，つまり電子の喪失も酸化と定義される．**還元**（reduction）は酸化の反対で，「電子の獲得」である．

鉄と酸素の反応（つまり赤錆の生成）を次に示す．

$$4Fe + 3O_2 \longrightarrow 2Fe_2O_3$$

左辺の鉄原子の酸化数は 0（未反応の元素はすべて 0），右辺の鉄は酸化数が 3+，つまり

$$4(Fe^{3+} + 3e^-) + 3O_2 \longrightarrow 2Fe_2\{6(O + 2e^-)\} = 2Fe_2O_3$$

4 個の鉄原子から合計 12 個の電子がなくなり，6 個の酸素原子がそれぞれ 2

---

column　現代の錬金術——水銀から金を合成する

人類は貴金属，とくに金への執着が強いようである．確かに金は，スマートフォンやパソコンの基板に必須であるし，医療や食品の分野でも用いられている．しかし，装飾品や財産として金を重宝するのには，他の魅力があるとしか思えない．錬金術は，そうした人間の欲求から始まったが，化学反応を考えるうえでの貢献も計り知れない．

＊1で触れたように，現代科学では，採算を度外視すれば，金の合成は可能である．ある元素を別の元素に変えるのは，原子番号，つまり陽子数を変えるということである．

金（Au）は原子番号 79 の元素である．唯一の安定同位体は原子量 197 であり，他に 36 種類の放射性同位体が確認されている．さて，他の金属で金に近い，つまり陽子・電子・中性子の数が近い物質は，原子番号 80 の水銀（Hg）の安定同位体の一つ，^{196}Hg（原子量 196，天然存在比 0.15%）である．**図 11A** に示すように，^{196}Hg に中性子を 1 個打ち込み，吸収させると，γ 線を放出して，放射性の ^{197}Hg になる．続けて β 崩壊を起こし，核内陽子の 1 個が中性子になり，陽子数が 80 から 79 に変わることで，安定同位体の ^{197}Au ができる．東京都市大学の高木直行教授らの計算によると，1 L の水銀から原子炉で 1 年間反応させると 10 g の金に変換されるという．これをビジネスとしてどう捉えるかは考えどころである．

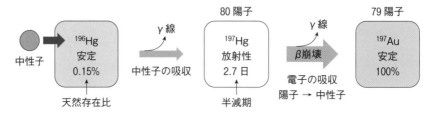

図 11A　^{196}Hg から ^{197}Au への変換

個の電子（合計 12 個）を獲得している.

　酸化が起こると還元も常に起こっていることを覚えておいてほしい. これを**酸化還元反応**（redox reaction）という.

　生体内でも鉄と酸素の反応は重要で, 酸素を運搬する**ヘモグロビン**の活性中心には Fe^{2+} が存在する. これが何かの原因で Fe^{3+} に酸化されると, 酸素を運搬できなくなる. また**シトクロムc**も活性中心に Fe をもち, 酸化還元反応をすることで**電子伝達系**（ATP を産生している）で重要な役割を果たしている.

　酸化還元反応は電池の仕組みで学ぶことが多いが, 生体内（動物だけでなく植物も）でも生命維持にかかわる重要な反応である.

練習問題

1. ビルなどを建てるときに用いるセメントは, 主成分のケイ酸三カルシウム（$3CaO \cdot SiO_2$）が水と反応（水和）して, ケイ酸カルシウム水和物（$3CaO \cdot 2SiO_2 \cdot 3H_2O$）と水酸化カルシウム〔$Ca(OH)_2$〕を生成する. これらの生成物が凝結・硬化することで硬い物体になる. 元になる反応式を, 係数に注意しながら, 左辺と右辺で矛盾のないように書きなさい.

2. 白色粉末の塩化銀にアンモニア溶液を加えると, 粉末は溶解する. この溶液に硝酸を加えると, 白色の沈殿が生成する. この白色沈殿に紫外光を当てると, 薄紫色に変化する. この一連の反応を化学反応式を用いて説明しなさい.

3. 以下の物質名反応式を, 両辺が釣り合った化学式で表しなさい.
   a. 酸化鉄（Ⅲ）＋一酸化炭素 ⟶ 鉄＋二酸化炭素
   b. 気体の水素＋気体の酸素 ⟶ 水
   c. 塩素酸カリウム ⟶ 塩化カリウム＋酸素
   d. 硫化銅＋酸素 ⟶ 銅＋二酸化硫黄
   e. マグネシア乳液＋胃酸 ⟶ ？

4. 反応性系列から以下の反応が起こるかどうか予測し, 反応式を完成させなさい.
   a. $Zn + 2AgNO_3 \longrightarrow Zn(NO_3)_2 + 2Ag$
   b. $Cu + 2HCl \longrightarrow CuCl_2 + H_2$

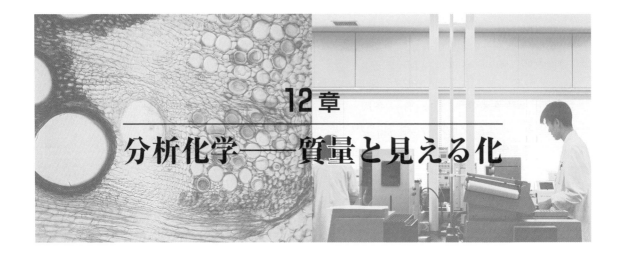

12章
分析化学──質量と見える化

▶ 12.1 重さと質量

　この章は，化学の中でも分析化学色が強く，大学2〜3年次に学ぶ内容も含まれている．1年次には少し気楽に読んでほしい．

　化学では物質の重さを知ることが重要である．この「重さ」とは何だろうか．「地球で体重が60 kgの人間は，月に行くと10 kgになる」と聞いたことはないだろうか．これは，月の**重力**（gravity）が地球の1/6なので起こる現象である．それでは，実際に60 kgの重さが10 kgに減少したのか考えてみよう．50 kg分の筋肉や臓器がなくなるわけではない．月に引っ張られる力が地球より弱いだけである．ここで論じている重さは**重量**（weight）である．また，私たちが使っている1 gという重量は，地球の重力を基準としたものである．ちなみに重力は，引力と遠心力の合力である．

　引力が異なっても物質を構成している原子や分子に変化はない．この真の（不変の）重さを**質量**（mass）という．この質量を知ることは，物質がもつエネルギーを知ることでなる．つまり

$$E = mc^2$$

である．ここでEはエネルギー（J），mは質量，cは光の速度（約30万km/秒）である．たとえば，1円玉1個は約1 gであるが，100% 熱エネルギーに取り出せた（変換できた）と仮定すると

$$E = 10^{-3}\,\mathrm{kg} \times (3 \times 10^8\,\mathrm{m/s})^2 = 9 \times 10^{13}\,\mathrm{J}$$

で，約90兆Jになる．これは，50 mプール100個分の水を一瞬で沸騰させるエネルギーと同じである．

▶ 12.2 質量分析法

　物の重さ（質量）を知る方法には何があるだろうか. 秤の類では, 測る場所の重力で数値が変わってしまうし, そもそも重量測定をしているにすぎない.

　質量を測るのは, 無機または有機化合物をイオンにすること（**イオン化**, ionization）から始まる. イオンには**正イオン**（positive ion）と**負イオン**（negative ion）がある. 生成されたイオンは電荷をもっているが, 質量 m を電荷数 z で割ったものが**質量電荷比 m/z** であり, m/z のイオン量を測定することで質量を知ることができる. 一般に**質量分析スペクトル**は, 横軸に m/z, 縦軸に相対強度をとったものである（**図12.1**）. **質量分析法**（mass spectrometry, MS）の利点として, 一度の測定で複数の物質を検出可能なことが挙げられる.

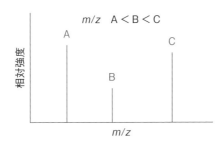

図12.1　**質量分析スペクトル**

例題1

アミノ酸の一種であるグリシン（$C_2H_5NO_2$, 質量 75.03）を適切な方法でイオン化すると, ［グリシン＋H］$^+$ という正の1価イオンになる. 観測される m/z を計算で求めなさい.

【解答】

$m = 75.03 + 1.00 = 76.03$

1価イオンなので $z = 1$

∴ $m/z = (76.03/1.00) = 76.03$

例題2

アミノ酸配列がロイシン-バリン-リジン-グリシン-リジン-プロリンというペプチド（LVKGKP, $C_{30}H_{56}N_8O_7$, 質量 640.42）がある. これを適切な方法でイオン化すると, ［LVKGKP-2H］$^{2-}$ という負の2価イオンになる. 観測される m/z を計算で求めなさい.

【解答】

$m = 640.42 - 2.00 = 638.42$

2価イオンなので$z = 2$

$\therefore m/z = (638.42/2.00) = 319.21$

▶ 12.3 分子量と質量

物質の**分子量**（molecular weight）は，周期表に表記された原子の原子量に原子数をかけたものの総和である．

たとえば原子量が C 12.0，H 1.0 であるとすると，メタン（CH_4）の分子量は次のように求められる．

$$CH_4 \text{の分子量} = 12.0 + (1.0 \times 4) = 16.0$$

塩素の原子量は，周期表によると 35.45 である．今，塩素を質量分析測定すると，**図 12.2** に示すように，34.97 と 36.97 という二つのピークが観測される．これは，天然には m/z 34.97 の塩素が 75.77%，m/z 36.97 の塩素が 24.23% 存在することを意味する（互いを**同位体**という）．この数値から加重平均値を算出すると 35.45 になり，これが塩素の原子量である．

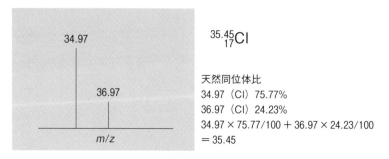

図 12.2　**塩素の質量分析スペクトル**

▶ 12.4 分 解 能

質量分析測定ではしばしば，目的質量シグナルに近接したシグナルが検出される．このシグナル同士がよく分離された状態で検出できる装置の性能を**分解能**（resolving power）という．分解能が低い場合，シグナル同士が被る（overlap）ので，目的質量であるかの判別が難しくなる．

分解能 R は数値で表され，質量 m と質量差 Δm の比である．

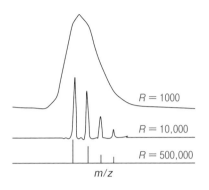

図12.3　3種類の分解能

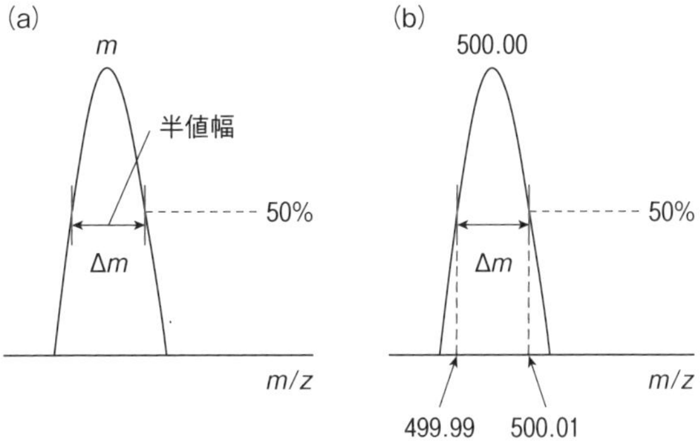

(a)　(b)

図12.4　分解能の求め方

$$R = m/\Delta m \tag{1}$$

この式は，大きい値ほど分離性能がよいことを意味する（図12.3）.

Δm は，ピーク高さに対する特定の割合でのピーク幅として定義される. 近年は，測定された値（この場合は m）の半値幅（測定シグナル極大値の半分）の両端の値の差を Δm とするのが主流である（図12.4a）.

今，測定値が $m = 500.00$，半値幅の両端の値が 499.99，500.01 とする（図12.4b）. 分解能は次のように求められる.

$$R = 500.00/(500.01 - 499.99) = 25,000$$

例題3

一酸化炭素（CO）と窒素（N_2）をイオン化すると，それぞれ CO^+ と N_2^+ というイオンとして観測される. 各原子量を C 12.000, O 15.995, N 14.003 とすると，CO^+ の分子量は 27.995，N_2^+ の分子量は 28.006 になる. この二つのシグナルを分離するために必要な分解能を考えなさい.

【解答】

二つの質量差 Δm は 28.006 − 27.995 = 0.011 である.

分解能を1000に設定した場合，検出される m を 28 とすると

$$\Delta m = 28/1000 = 0.028$$

となり，$\Delta m > 0.011$ なので，分離できないことがわかる.

分解能を30,000に設定した場合,

$$\Delta m = 28/30,000 = 0.0009$$

となり，$\Delta m < 0.011$ で分離できる.

▶ 12.5 イオン化

物質をイオン化する方法には，いくつかある．以下に各方法を紹介しよう．

12.5.1 電子イオン化法

電子イオン化（electron ionization, EI）**法**とは，電子を数十 eV まで加速させて分子に衝突させ，軌道電子をはぎとることで分子をイオン化する手法である．分子に対して，**イオン化エネルギー**を超えるエネルギーが付与された場合にのみ，イオン化が起こりうる（**図 12.5**）．

ここでいうイオン化エネルギーとは，電子的にも振動的にも基底状態にある原子または分子が，電子を 1 個放出することにより，同じく電子的にも振動的にも基底状態にあるイオンになるために必要な最小のエネルギー量である．

12.5.2 エレクトロスプレーイオン化法

エレクトロスプレーイオン化（electrospray ionization, ESI）**法**は，現在，液体クロマトグラフィー（LC）と組み合わせて用いられる一般的な大気圧イオン化法である．

溶媒に溶けた状態の物質は，基本的に電荷（イオン）をもっている．溶液を先端のとがった針から押し出し，エアロゾルをつくる．このとき，針の先端に電荷を付与しておく．針の出口近くに，加熱した窒素ガスを吹きつける．これにより脱溶媒が起こり，分子はイオンのまま質量分析部へ輸送される（**図 12.6**）．ESI 法は高分子量の物質（ポリマー，タンパク質など）が多価イオンを生成しやすいという特徴がある．例題 2 で述べた通り，多価イオンになると電符数 z が増え，実際の質量よりも検出される質量が m/z の z 分だけ小さくなる．

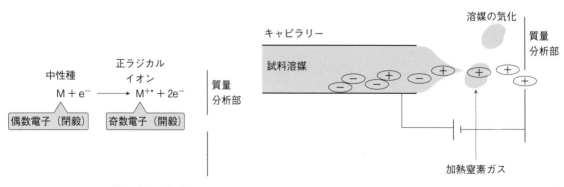

図 12.5　電子イオン化法　　　　　図 12.6　エレクトロスプレーイオン化法

12.5.3　同位体と多価イオンスペクトル

それでは，質量分析スペクトルを読むとき，これは1価イオン，これは多価イオンと判別するには，どうすればよいだろうか．

4章で述べたように，元素には同位体が存在する．したがって，同じ組成式をもつ化合物でも，異なる質量をもつ場合がある．

C, H, N, O は有機物を構成する主要元素である．これらはそれぞれ天然同位体をもっている（**表12.1**）．

たとえばドーパミン（DA）は，組成式が $C_8H_{11}NO_2$，質量が153.07である．適切なイオン化法でイオン化すると，m/z 154.08，155.08，156.08 が検出される．これは $[DA+1]^+$ と $[DA+2]^+$ と $[DA+3]^+$ のシグナルである（**図12.7**）．$[DA+1]^+$ は，C, H, N, O がすべて天然同位体で一番存在比の高いもので構成された DA に，水素が付加したイオンである．$[DA+2]^+$ は，各元素の同位体（+1）が DA 中に存在しているイオンである．残念ながら現在の質量分析装置では，元素の同位体の種類を分けて検出することは難しい．

ここで，各元素の同位体（+1）が1個ずつしか入っていないのはなぜだろうか．たとえば，$^{13}C_8{}^1H_{11}{}^{14}N^{16}O_2 + {}^1H^+$ のように炭素がすべて ^{13}C になったり，$^{12}C_7{}^{13}C^{11}H_{10}{}^2H^{14}N^{16}O_2$ のように異なる元素の同位体（+1）が混在しないのはなぜかと思うかもしれない．ここで**天然存在比**が重要になる．ほとんどの DA が確率的に ^{12}C, ^1H, ^{14}N, ^{16}O で構成されることは予想できるだろう．一方，すべて ^{13}C になる確率は 10^{-14}% であり，ほぼ皆無である．また，同様に，$[DA+3]$ については，**図12.7** から分かるように，C, H, N の +2 の同位体が存在する確率は低い．あるとすれば，^{18}O の場合である．

表12.1　C, H, N, O の天然同位体比

	質量（天然存在比，%）		
炭素（C）	12 (98.853)	13 (1.147)	14 (10^{-12})
水素（H）	1 (99.985)	2 (0.015)	3 (10^{-18})
窒素（N）	14 (99.636)	15 (0.364)	—
酸素（O）	16 (99.762)	17 (0.038)	18 (0.2)

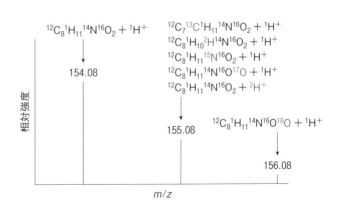

図12.7　**ドーパミンの質量分析スペクトル**

12.5.4 マトリックス支援レーザー脱離イオン化法

マトリックス支援レーザー脱離イオン化（matrix assisted laser desorption/ionization, MALDI）**法**は，ESI 法と同様に，現在最も広く使われているイオン化法である．さらにこの方法は，2002 年のノーベル化学賞に選ばれた日本人技術者の田中耕一氏が開発したものである．マトリックスと呼ばれる有機化合物と試料を混合し，レーザーを照射すると，試料を分解することなくイオン化できる．このことから**ソフトイオン化法**とも呼ばれている（**図 12.8**）.

現在ではマトリックスが数百種類開発されており，質量 500 以上～30 数万の大きなタンパク質など，多くの標的物質をマトリックスを正しく選択することで測定できる．とくに有名な有機マトリックスを**表 12.2** に示す.

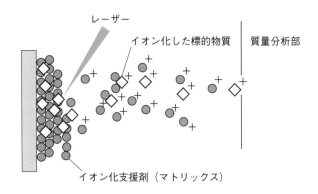

図 12.8 マトリックス支援レーザー脱離イオン化法

表 12.2 有機マトリックス（イオン化支援剤）の種類

構造式	名称（略語）	分子量	標的物質
NC O HO OH	α-シアノ-4-ヒドロキシケイ皮酸（CHCA）	190	脂質，ペプチド用
OH O HO OH	2,5-ジヒドロキシ安息香酸（DHB）	154	脂質，ペプチド用
H₃CO HO O OH H₃CO	シナピン酸（SA）	224	タンパク質用

▶ 12.6 イメージング質量分析——測るから見るへ

これまで述べたように，質量分析といえば，「測る」分析法である．一方，現代科学の世界は「見る（見せる）」データ，つまり**イメージング**の力が非常に大

きくなっている．イメージング技術は，生物学（たとえば，免疫染色による神経細胞成長観察），化学（たとえば，IR イメージングによる基板上の異物検出），物理学（たとえば，トンネル顕微鏡による薄膜解析）など多くの分野で用いられる手法である．

近年，質量分析を「見る」ことに転換した**イメージング質量分析（IMS）法**が開発された．IMS 法は，多くの化学情報を視覚的に提供するもので，近年，医学，薬学，工学，農学といった幅広い分野で，多くの発見に貢献している．

12.6.1　IMS の原理

まず，測定したい組織を厚さ数 μm に切削する（切片作成）．次に，一定の間隔（5〜200 μm）で切片上の質量分析測定を行う（二次元的 MS）．多数の MS スペクトルから，注目するシグナル（標的物質）のみを抽出し，二次元画像にすることで，標的物質の局在解析を行う（**図 12.9**）．

生物系でよく行われる可視化法は**免疫染色**である．これは抗原抗体反応を利用したもので，見たい物質に対となる抗体を必要とする．IMS は抗体や発色剤などを必要とせず，切片上から得られたシグナルの数だけ局在解析を行えることが利点である．

12.6.2　IMS の応用例

この項では，IMS が各分野でどのように応用されているのか紹介しよう．

(1)　医学分野

パーキンソン病（PD）は，**脳内ドーパミン**（DA）産生量が減少し，やがて

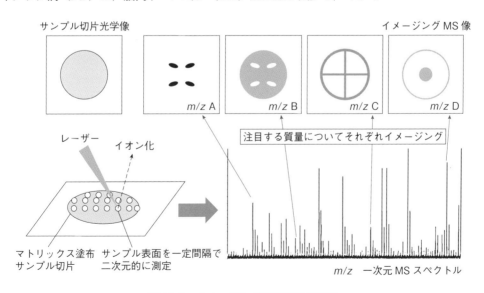

図 12.9　**イメージング質量分析の原理**

*1　エルドーパまたはレボ
ドパと読む.

産生されなくなる病気で，振戦（ふるえ）や，行動に不自由が現れる．DA が
補充できればいいのだが，DA は投与しても脳内に送達されない．通常は，**L-
DOPA**[*1]（DA の前駆物質で脳内に送達される）を投与し，脳内で DA に変換
させる対症療法がとられる．**図 12.10** は，L-DOPA と，安定同位体を用いて
L-DOPA 内の水素 3 個を重水素に置換した D_3-L-DOPA の化学構造である．
質量が 3 増えているのがわかる．そして，両者をそれぞれ投与したマウス脳の
イメージング像が**図 12.11**（カバー後ろ袖参照）である．L-DOPA 投与マウス
は，新線条体と側坐核両方に蓄積（投射）されているのがわかる．興味深いの
は，D3-DA は新線条体に優先的に蓄積されていることである．DA は，蓄積
される部位で使用される用途が異なることが知られている．新線条体の DA は，
やる気や行動に使われる．側坐核の DA は報酬系と呼ばれ，うれしいときにも
使われるが，依存症（アルコール，ギャンブルなど）の場合の気持ちの高ぶり
にも用いられる．パーキンソン病患者の場合，行動に使われる DA が減少する
ことから，この結果は，質量を安定同位体で少し増加させるだけで，行動に使
われる DA が脳内で増えるかもしれないことを示唆している.

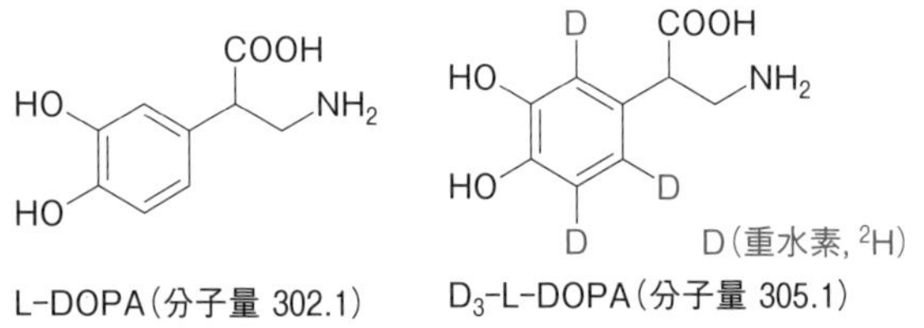

L-DOPA（分子量 302.1）　　　D_3-L-DOPA（分子量 305.1）

図 12.10　L-DOPA と重水素化した D_3-L-DOPA の化学構造

(2)　植物生理学分野

　植物は生命を維持するために植物ホルモンを産生している．そのなかで**アブ
シジン酸**（abscisic acid，ABA）は，乾燥ストレス時に気孔に局在し，気孔を
閉じる働きがあるとされてきた．メカニズムも明らかにされており，確かなこ
とであるが，実際に気孔に ABA が集中している像は得られていなかった．**図
12.12** は，IMS により気孔に ABA が集中していることを示した像である.

　IMS は科学的根拠を視覚的に与える技術である．しかし，わかりやすいぶん，
難しさを求める一部の科学者には「見ただけでしょ」と揶揄されることもある.
コロンブスの卵と同じ議論になるが，初めてのことにはつきものの意見である.
　科学者を目指すみなさんは，どちらの意見に賛同するかで道は変わってくる
かもしれない.

非ストレス下（気孔は開いている）

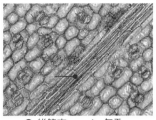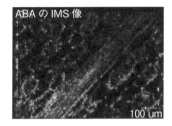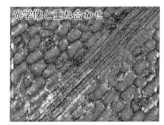

●━ 維管束　➡ 気孔

乾燥ストレス下（気孔は閉じている）

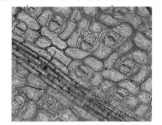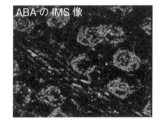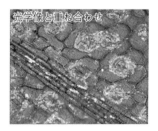

図 12.12　気孔におけるアブシジン酸のイメージング像

練習問題

1. 図 12A は，ある炭化水素分子の質量分析スペクトル（電子イオン化を用いた）である．分子イオンピークは m/z 16 に観察され，m/z 12〜15 のシグナルはフラグメントイオン（分子イオンが分解したもの）と考えられる．この分子は何か，フラグメントイオンも考慮にいれて説明しなさい．

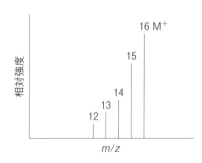

図 12A　ある炭化水素の質量分析
スペクトル

2. 血圧の上昇にかかわるペプチドであるアンギオテンシン II（$C_{50}H_{71}N_{13}O_{12}$，H-Asp-Arg-Val-Tyr-Ile-His-Pro-Phe-OH）を質量分析で検出したところ，m/z 1046.6 と 523.8 が観測された．

a．どうして二つのスペクトルが観測されたのか，考察しなさい．ヒント：m/z 1046.6 の同位体シグナルが m/z 1047.6，m/z 523.8 の同位体シグナルが m/z 524.3 だった．

b．m/z 1046.6 と m/z 1047.6，m/z 523.8 と m/z 524.3 を分離できる分解能は，それぞれいくつか．

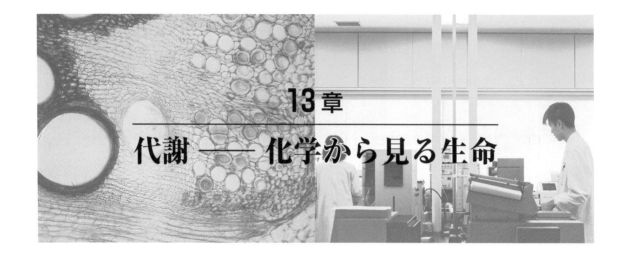

13章
代謝 ── 化学から見る生命

▶ 13.1 細胞の化学組成

細胞をもつ生物は，成長したり子孫を残したり，自律して行動したりと，非常に神秘的な存在である．しかしこれら現象の多くが，これまで学んできた物理化学的な法則で説明することができる．化学を基礎として生物を考察すると，生命科学のより詳細な理解が可能になる．

ただし生物は，非生物（たとえば岩石）とは異なる化学的特徴がある．

① 細胞内の物質は，水（H_2O）を除いたほとんどが**有機化合物**である．
② 細胞内の化学反応のほとんどが水溶液中で起こる．
③ 細胞内では乱雑さ（**エントロピー**，9.8 節参照）が増大せず，秩序が維持されている．

生体内の化学反応のことを**代謝**という．代謝によって，生物は外界からエネルギーを獲得し，有用な有機化合物を合成し，細胞内に秩序を構築している．この章では，その様子を化学的に考察していく．

13.1.1 生命の有機化学

自然界にはおよそ 90 の元素があるが，細胞を構成するのはそのうちのわずかな種類である．酸素（O），炭素（C），水素（H），窒素（N）の 4 種類で生物の重量の 97% にもなり，非生物とは大きく異なっている（**表 13.1**）．

水（H_2O）を除けば，細胞内のほとんどの分子は炭素からなっている．炭素原子は最外殻に電子が 4 個配置されているので，四つの共有結合を形成することができる（**図 13.1a**）．たとえばメタン（CH_4）は四つの C−H 共有結合からなる．さらに炭素原子同士で，安定な C−C 共有結合が形成される（**図 13.1b**）．

表13.1 ヒトと地殻の構成元素

ヒト		地殻	
構成元素	重量%	構成元素	重量%
酸素（O）	63	酸素（O）	47
炭素（C）	20	ケイ素（Si）	28
水素（H）	9	アルミニウム（Al）	8
窒素（N）	5	鉄（Fe）	5
カルシウム（Ca）	1	カルシウム（Ca）	4
その他	2	ナトリウム（Na）	3
		カリウム（K）	3
		その他	2

両者に共通で掲載されている元素を赤く示す.

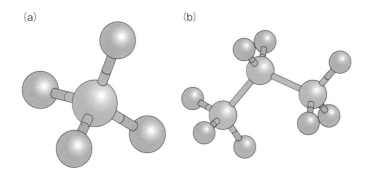

(a)　　　　　　(b)

図13.1 メタン（CH₄）とプロパン（C₃H₈）の化学構造
(a) メタン．中央（赤）がC原子で，H原子4個と共有結合を形成することができる．(b) プロパン．C原子同士が結合して，鎖状の化学構造も形成できる．

したがって，炭素を共有結合で連結させていくことで，鎖状や環状の分子，あるいは巨大で複雑な分子を無数につくり上げることができる．

　炭素化合物のことを，一部を除いて[*1] **有機化合物**という．前述のメタン（CH₄）や，後述する糖などが有機化合物の例である．炭素を含まない化合物は**無機化合物**と呼ぶ．

　有機化合物は，以前は，生物のみがつくり出せる神秘の物質と考えられていた．しかし19世紀にドイツの化学者フリードリヒ・ヴェーラー（1800～1882年）が尿素[*2]の合成に成功してからは，有機化合物の化学，すなわち有機化学が発展していった．今日では石油化学（石油を原料として合成樹脂などをつくる有機化学）なども含まれるが，ここでは生物有機化学について説明する．

　有機化合物は，炭素原子同士の連結によって無数の種類がありうるが，それらはグループに分けて考えることができる．たとえばヒドロキシ基（−OH），アルデヒド基（−CHO），ケトン基（−CO−），カルボキシ基（−COOH），アミノ基（−NH₂）などの原子団が有機化合物にはよく含まれている（**表13.2**）．

*1　炭素を含む化合物のうち，一酸化炭素（CO），二酸化炭素（CO₂），および炭酸イオン（CO₃²⁻）などは，例外的に無機化合物に分類される．

*2　哺乳類や両生類の尿に含まれる，窒素（N）を含む有機化合物．NH₂−CO−NH₂．タンパク質が分解された際に生成される，いわゆる老廃物．

表 13.2 有機化合物の代表的な官能基

名称	構造式	示性式	化合物の例
ヒドロキシ基	−O−H	−OH	C_2H_5OH （エタノール）
アルデヒド基 （ホルミル基）	−C−H ‖ O	−CHO	CH_3CHO （アセトアルデヒド）
ケトン基	−C− ‖ O	−CO−	CH_3COCH_3 （アセトン）
カルボキシ基	−C−O−H ‖ O	−COOH	CH_3COOH （酢酸）
アミノ基	−N−H | H	−NH_2	CH_3NH_2 （メチルアミン）

分子式（例：酢酸 $C_2H_4O_2$）から官能基（−COOH）を抜き出して特性を
区別した化学式（CH_3COOH）を示性式という.

このような原子団のことを**官能基**という. 官能基にはそれぞれ特有の化学的性
質があり, 化合物そのものの化学的性質に大きく影響する. したがって, 官能
基ごとに有機化合物をグループ分けすることができ, その物質の反応性を知る
大きな手掛かりとなる.

13.1.2　水の特殊性と生命科学

　水（H_2O）は細胞重量の約 70% を占める（**表 13.3**）. この物質は地球上で非
常にありふれた存在に感じるが, 実は非常に特殊な物理化学的性質をもつ. そ
の性質が, 生命をはぐくむうえで水を欠かせない存在にしている.

　水は, 分子内に電気的な偏り（極性）が生じている. H 原子は電気陰性度が
小さく, O 原子は大きいため, O 原子に電子がより引きつけられているためで
ある. H 原子が正に帯電し, O 原子が負に帯電すると, ある水分子の H 原子と,
別の水分子の O 原子とが静電気的な引力で結びつく. これを**水素結合**という
（**図 13.2**）. その結果, 水分子は水素結合のネットワークを形成するため, 分子
の大きさのわりに分子間の引力が大きい.

　水の沸点が高く, 室温で気体ではなく液体として存在できるのは, このため
である. たとえばメタン（CH_4）やアンモニア（NH_3）は, 分子の大きさが水
と同程度であるにもかかわらず, 室温では気体である. したがって水は, 細胞
にとって格好の溶媒となる. 水分子は極性が高いので, 極性分子やイオンをよ
く溶かすことができる. 極性分子やイオンがもつ電荷は化学反応の要因となる
ため, 水は化学反応の場を提供していると考えることもできる.

　水分子同士の結びつきが強いことは, 水の表面張力も大きくする. 表面張力
は, 毛細管現象による液体の移動[*3] に役立つ. また, たとえばエタノールのよ

*3　毛細管を液体が上がる
高さは, 表面張力に比例し,
液体の密度や毛細管の半径に
反比例する.

表 13.3　細胞の構成成分（大腸菌）

成分	重量%
水（H_2O）	70
タンパク質	16
他の高分子（核酸，多糖）	10
無機イオン	1
低分子の糖	1
脂質	1
アミノ酸	0.4
低分子の核酸関連物質	0.4
その他	0.2

赤字は有機化合物を示す．東京大学生命科学教科書編集委員会編，『理系総合のための生命科学 第5版』，羊土社（2020）より．

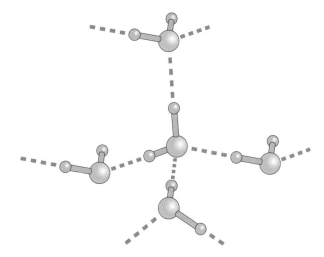

図 13.2　水（H_2O）の水素結合によるネットワーク
水分子間で H 原子と O 原子の静電的な結合が形成される．

うな液体と比べると，水は比熱の大きさも際立つ[*4]．比熱が大きいということは，温度変化しにくい液体であるといえる．したがって水は，生物の体温を維持するのに役立っている．

*4　エタノールの比熱は18 ℃で 2.4 J/g·K であるのに対して，水の比熱は 4.2 J/g·K である．

13.1.3　細胞内で合成される有機化合物

　細胞内の有機化合物は，分子量が 100 から 1000 程度のものを基本としている．それらは**糖・脂質・アミノ酸・ヌクレオチド**の4種類に分類することができる（**表 13.4**）．これらの有機化合物は，単独で役割を担うこともあれば，重合[*5]して細胞の**多糖・タンパク質・核酸**などの**生体高分子**と呼ばれる巨大な分子をつくることもある[*6]．いずれにせよ，それぞれの有機化合物が生体内で受けもっている働きを果たすことによって，秩序だった細胞ができあがる．

*5　比較的低分子量の化合物を構成単位として，それらが多数連結される反応のこと．構成単位となる化合物を単量体（モノマー），重合してできた高分子化合物を重合体（ポリマー）という．

表 13.4　細胞内で合成される有機化合物

基本となる小分子	➡	生体高分子
糖（単糖）		多糖
脂肪酸 ➡	中性脂肪 リン脂質	—
アミノ酸		タンパク質
ヌクレオチド		核酸

*6　たとえば多糖の一種であるデンプンは，分子量 180 のグルコース（ブドウ糖）が数千個ほど重合してできている．またタンパク質は，20 種類のアミノ酸（平均分子量 120 程度）が数十個から数千個ほど重合してできている．

(1)　糖：細胞のエネルギー源

　糖は $C_m(H_2O)_n$ という一般式で表され，それゆえ**炭水化物**とも呼ばれる．最も簡単な糖である**単糖**は，たとえば**グルコース**（ブドウ糖 $C_6H_{12}O_6$）のように，

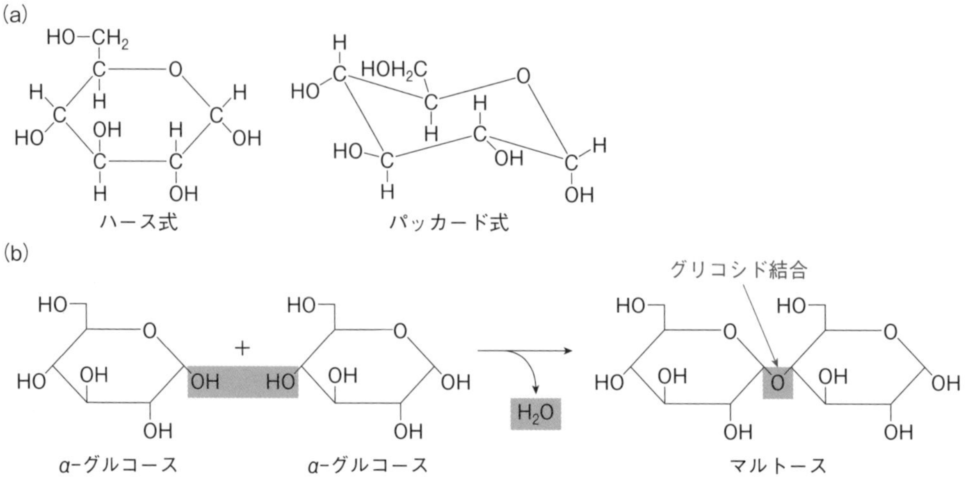

(a)

ハース式　　　　　　　　パッカード式

(b)

グリコシド結合

α-グルコース　　　　　α-グルコース　　　　　　　　　　マルトース

図 13.3　単糖の化学構造と脱水縮合反応

(a) α-グルコースの化学構造. 左はハース (ハワース) 式, 右はパッカード式と呼ばれる書き方. β-グルコースは最右の H と OH の上下が逆になる. (b) のように C 原子や H 原子の元素記号が省略されることも多い. (b) α-グルコース同士の脱水縮合. 図では二糖のマルトースが生成しているが, この反応が繰り返されることでデンプン (アミロース) が生成する. 脱水縮合反応の逆反応を加水分解反応という.

通常 3〜6 個の炭素からなる (**図 13.3a**). グルコースは, 細胞のエネルギー源となる主要な有機化合物である. これを何段階もの反応で, より小さい分子に分解するときに放出されるエネルギーを利用して, 生命活動が営まれる.

単糖はグリコシド結合という共有結合によって連結され (**図 13.3b**), 巨大な炭水化物をつくる. これを**多糖**という. たとえばグルコースからなる多糖 (動物では**グリコーゲン**, 植物では**デンプン**) が合成され, この形でエネルギーが長期貯蔵される. また植物は, グルコースからなる別の多糖の**セルロース**をつくり, 細胞壁を構築する. このように多糖は, 生体を構成する (物理的に支持する) 素材として利用されることもある.

ある糖の −OH 基と別の糖の −OH 基とが結合するとき, 水分子が 1 個とれる (**図 13.3b**). このような反応様式を**縮合反応**といい[*7], 生体内の反応では糖以外でもよく見られる. 縮合反応でできた結合は, 逆反応である**加水分解**によって, 水分子が 1 個加わって切断される.

(2) 脂質：エネルギー貯蔵と細胞膜の構築

脂質とは疎水性の生体有機化合物の総称であり, さまざまな化学構造の有機化合物が分類される. なかでもとくに重要なのが**トリアシルグリセロール (中性脂肪)** と**リン脂質**である. 両者は**パルミチン酸**などの**脂肪酸**を構成成分として含んでいる (**図 13.4a**). 脂肪酸は一般に, 長い炭化水素鎖とカルボキシ基 (−COOH) をもち, 酸 (カルボン酸) として振る舞う.

トリアシルグリセロールは, 1 個のグリセロール (グリセリン) 分子に 3 個

*7　二つの化合物が低分子化合物を脱離させながら結合する反応を, 縮合反応という. この場合は水 (H_2O) が脱離するので, とくに脱水縮合反応という. 多糖だけでなく, タンパク質も核酸も脱水縮合反応によってできる重合体である.

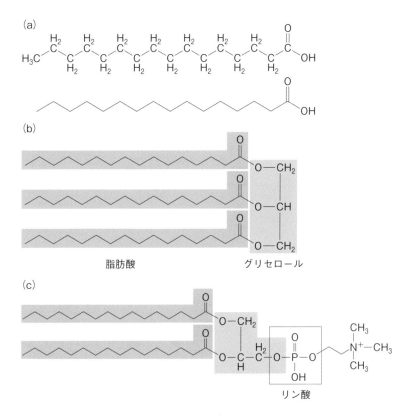

図 13.4　**脂肪酸，トリアシルグリセロール，リン脂質の化学構造**
(a) 脂肪酸の一種パルミチン酸 ($C_{15}H_{31}COOH$). C 原子と H 原子の元素記号は，下段のように省略されることが多い. (b) トリアシルグリセロール（中性脂肪）. 脂肪酸 3 分子がアシル基（$C_{15}H_{31}CO-$）としてグリセロール（グリセリン）に結合している. 極性は非常に低く，水に溶けない. (c) リン脂質の一種ホスファチジルコリン（レシチンともいう）. 中性脂肪のアシル基一つがリン酸に置き換わっている. この分子の左側は疎水性が高く，右側は親水性が高いため，「両親媒性」の物質である.

の脂肪酸が共有結合したもので（**図 13.4b**），細胞内では脂肪滴として細胞質に蓄えられる. エネルギーの長期貯蔵に優れ，必要に応じてトリアシルグリセロール分子から脂肪酸が切り離されて代謝される. このとき，糖よりも多くの化学エネルギーを取り出すことができる.

　脂肪酸のもう一つの重要な働きは，細胞膜を構成することである. 細胞膜は**脂質二重層**と呼ばれる構造からなるが，これは**リン脂質**が二重に並んだものである.

　ほとんどのリン脂質は，脂肪酸とグリセロール，そしてリン酸からなる分子である[*8]. この物質では，グリセロールに 2 個の脂肪酸が結合し，残り 1 個の－OH 基にリン酸基が結合する（**図 13.4c**）. リン酸基にはほとんどの場合，さらにコリンなどの親水性小分子が結合している. その結果，リン脂質は 2 本の脂肪酸からなる疎水性の尾部と，リン酸基を含む親水性の頭部をもつので，両

*8　グリセロールが骨格になるリン脂質をグリセロリン脂質という. その他にスフィンゴシンという有機化合物が骨格になるスフィンゴリン脂質がある.

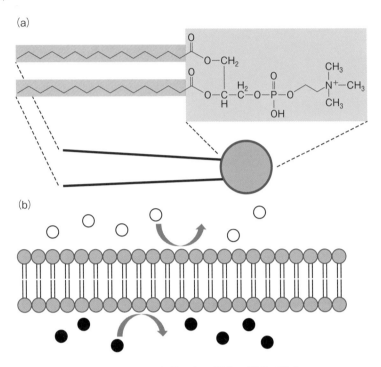

図 13.5　リン脂質による脂質二重層の形成
(a) リン脂質は親水性の頭部（赤）と疎水性の尾部（黒）を併せもつ．(b) リン脂質は
脂質二重層を形成し，細胞内外を仕切る．膜は疎水性をもつため，周囲の親水性分子
（白丸と黒丸）は膜を透過できない．

＊9　細胞の内外へ物質を輸
送する場合には，細胞膜に結
合したタンパク質（輸送担体
と呼ばれる）を介して行われ
る．たとえば水分子は，アク
アポリンと呼ばれるタンパク
質を介して膜を浸透し，グル
コースはグルコーストランス
ポーターと呼ばれるタンパク
質を介して，細胞外から細胞
内へ取り込まれる．

＊10　カルボン酸では，含ま
れる炭素の位置の示し方とし
て α，β，γ…が用いられる．
カルボキシ基を起点として，
その隣の炭素を α 位，その次
の炭素を β 位という．α 位に
アミノ基が結合するアミノ酸
を，とくに α-アミノ酸という．
他に β-アミノ酸，γ-アミノ
酸，……もあるが，タンパク
質の構成成分となるのは α-
アミノ酸だけである．

＊11　慣習的に 50 個程度と
いうだけで，明確な区別はな
い．

親媒性が強い有機化合物になる．
　リン脂質は，両親媒性という性質によって，尾部を向かい合わせた構造を形
成する（図 13.5）．細胞膜の表面は親水性の頭部が露出しているので，細胞内
外の水分子と接することができる．しかし水分子や水に溶ける親水性分子は，
細胞膜内部の疎水性尾部に阻まれて，内外を自由に行き来することができない．
このような膜で細胞を包み込むことで，細胞の内外を仕切り，細胞内の有用物
質の拡散を防いでいる＊9．

(3)　アミノ酸：タンパク質の構成成分

　アミノ酸は，α 位の炭素原子（C）にアミノ基（−NH₂）とカルボキシ基
（−COOH）が結合している＊10（図 13.6a）．α 炭素の三つ目の手には水素原子
（H），四つ目の手には側鎖（R）が結合する．この側鎖の性質によって，アミノ
酸は表 13.5 のように分類される．
　二つ以上のアミノ酸が脱水縮合した化合物を**ペプチド**という（図 13.6b）．
とくに，アミノ酸が約 50 個以上で＊11，かつ生体内で生理機能をもつポリペプ
チドを**タンパク質**という．
　タンパク質はヒトの体で数万種類あるとされており，これらがさまざまな機

表 13.5　タンパク質の材料となる 20 種のアミノ酸

分類	名称	略号	側鎖（R）の構造*
脂肪族 アミノ酸	グリシン	Gly（G）	−H
	アラニン	Ala（A）	−CH₃

	バリン	Val（V）	−CH−CH₃
			  |
			  CH₃

	ロイシン	Leu（L）	−CH₂−CH−CH₃
			    |
			    CH₃

	イソロイシン	Ile（I）	−CH−CH₂−CH₃
			  |
			  CH₃

ヒドロキシ アミノ酸	セリン	Ser（S）	−CH₂−OH

	スレオニン
	（トレオニン）
		Thr（T）	−CH−OH
			  |
			  CH₃

含硫 アミノ酸	システイン	Cys（C）	−CH₂−SH
	メチオニン	Met（M）	−CH₂−CH₂−S−CH₃
芳香族 アミノ酸	フェニルアラニン	Phe（F）	−CH₂−◯
	チロシン	Tyr（Y）	−CH₂−◯−OH
	トリプトファン	Trp（W）	−CH₂−（インドール環） N H
塩基性 アミノ酸	リジン（リシン）	Lys（K）	−CH₂−CH₂−CH₂−CH₂−NH₂

	アルギニン	Arg（R）	−CH₂−CH₂−CH₂−NH−C−NH₂
			        ‖
			       NH

	ヒスチジン	His（H）	−CH₂−（イミダゾール環） N H
酸性アミノ酸と そのアミド	アスパラギン酸	Asp（D）	−CH₂−COOH
	グルタミン酸	Glu（E）	−CH₂−CH₂−COOH
	アスパラギン	Asn（N）	−CH₂−CO−NH₂
	グルタミン	Gln（Q）	−CH₂−CH₂−CO−NH₂
イミノ酸	プロリン	Pro（P）	H N H₂C CH−COOH H₂C−CH₂

略号のうち，Gly などを 3 文字表記，G などを 1 文字表記という．
* プロリンのみ，アミノ酸全体の構造式を示す（赤い部分が側鎖）．

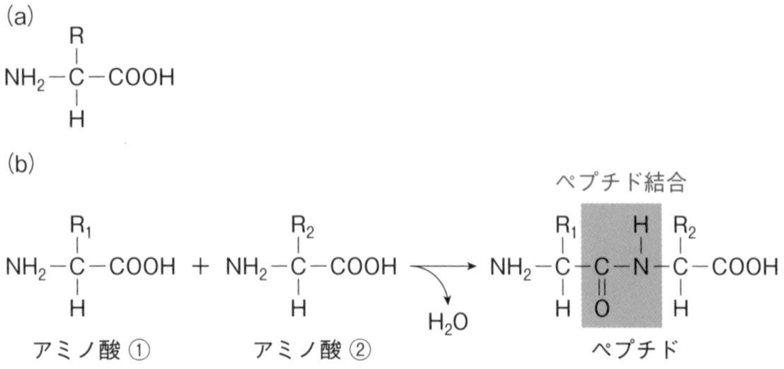

図 13.6　アミノ酸とペプチドの化学構造

(a) アミノ酸の化学構造. アミノ基（$-NH_2$）とカルボキシ基（$-COOH$）を併せも
つ. R（側鎖）の化学構造によってアミノ酸は多様性をもつ.（b）アミノ酸同士の脱水
縮合. 図ではアミノ酸二つからペプチド（ジペプチド）が生成しているが, この反応
が繰り返されることでタンパク質（ポリペプチド）が生成する.

能を果たすことで, 私たちの生命活動は支えられている（表13.6）. タンパク
質は, 生命活動の実行部隊, あるいは生命活動の万能ツールといえる. したが
ってアミノ酸は, そのようなタンパク質を合成するための材料としての働きが,
とても重要である.

　14章で詳しく述べるが, タンパク質がこのような機能を果たせるのは, 20
種類のアミノ酸の化学的性質が多様であるおかげといえる. 細菌でも植物でも

表 13.6　タンパク質の働きによる分類

分類	例
酵素	トリプシン（タンパク質消化酵素）
	リボヌクレアーゼ（RNA 分解酵素）
輸送タンパク質	ヘモグロビン（酸素の輸送）
	トランスフェリン（鉄の輸送）
貯蔵タンパク質	オボアルブミン（卵白）
	カゼイン（乳汁）
収縮（運動）タンパク質	アクチン（筋肉の収縮）
	ミオシン（筋肉の収縮）
構造タンパク質	ケラチン（毛髪, 爪）
	フィブロイン（カイコの繭糸）
	コラーゲン（結合組織, 骨, 歯）
防御タンパク質	免疫グロブリン（抗体）
	フィブリノーゲン（血液凝固）
調節タンパク質	インスリン（血糖値低下）
	グルカゴン（血糖値上昇）
	副甲状腺ホルモン（血中カルシウム濃度上昇）
毒素タンパク質	ボツリヌス毒素（ボツリヌス菌）
	ヘビ毒（ヘビ）

動物でも，同じ20種類のアミノ酸を使ってタンパク質が合成され，生命活動
に利用されている．

（4） ヌクレオチド：DNAとRNAの構成成分

　ヌクレオチドは，窒素を含む環状化合物（**塩基**[*12]）が，五炭糖（リボースま
たはデオキシリボース）に結合し，さらに糖に1個以上のリン酸基が結合して
できている（**図13.7a**）．塩基には，六員環化合物ピリミジンの誘導体である
シトシン（C）・チミン（T）・ウラシル（U）と，五員環と六員環が縮合した化
合物プリンの誘導体である**グアニン（G）・アデニン（A）**の五つがある（**図13.
7b**）．ヌクレオチドにはエネルギーを短時間保有する能力がある．なかでも**ア
デノシン三リン酸（ATP，図13.7a**）は，細胞内におけるエネルギーの受け渡
しにとても重要である（後述する）．

　ヌクレオチドが重合すると**核酸**となる．ヌクレオチド同士がリン酸基を介し
て共有結合し[*13]，連結して長い鎖（ポリヌクレオチド）を形成する（**図13.8a**）．

　核酸は，含まれる糖の種類によって2種類に分けられる．糖がリボースのも
のが**リボ核酸（RNA）**で，糖がデオキシリボースのものは**デオキシリボ核酸
（DNA）**である．細胞内では，RNAは通常1本のポリヌクレオチド鎖として
存在するが，DNAはほとんどの場合，**二重らせん**を形成している．二重らせ

*12　酸性条件下でH+（プ
ロトン）と結合し，水溶液中
のOH−濃度を高めるからで
ある．

*13　この結合様式をホスホ
ジエステル結合という．エス
テルとは，酸とヒドロキシ基
が結合した化合物である．こ
こではリン酸（phosphoric
acid）に二つ（di-）の糖が
結合しているため，このよう
な呼び方をする．

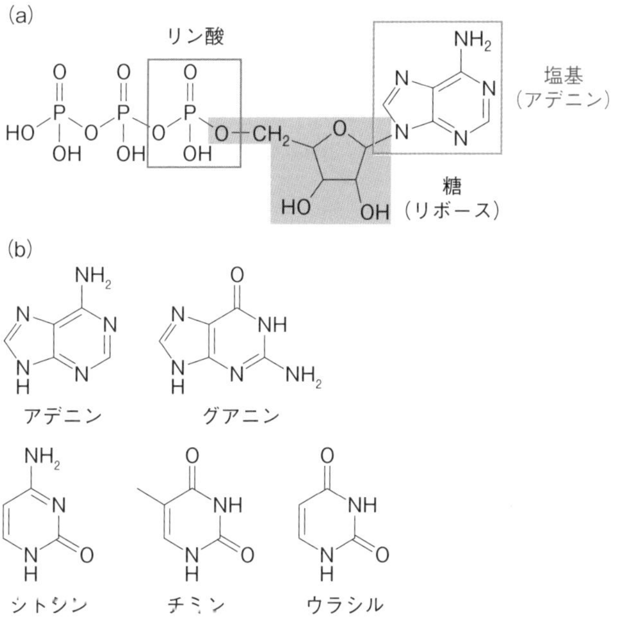

図13.7　ヌクレオチドの化学構造
（a）ヌクレオチドの一種アデノシン三リン酸（ATP）の化学構造．ヌクレ
オチドは，このように塩基と糖とリン酸を構成成分としている．（b）核酸
（DNAとRNA）の構成成分となる5種類の塩基．

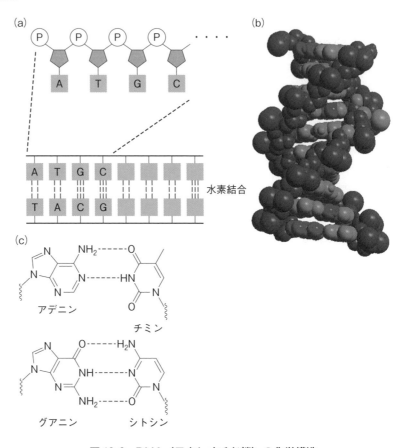

図 13.8　DNA（ヌクレオチド鎖）の化学構造

（a）ヌクレオチド重合の模式図．ヌクレオチドに含まれるリン酸（P）と糖（黒）が鎖を形成している．鎖に結合している塩基が，水素結合によって相補的な塩基対を形成している（下段）．（b）DNA の二重らせん構造．塩基対で結びついた2本の DNA 鎖が，らせんを描いて安定化している．（c）アデニンとチミン，グアニンとシトシンは，それぞれ水素結合で結びついて塩基対（base pair）を形成する．この組合せでないと結合できない（相補的である）ことが，遺伝情報を保存するうえで重要である．

んは，2本のヌクレオチド鎖が塩基間の水素結合で結びつき，より合わさってできる（**図 13.8b**）．

　核酸は，生物にとって必要な情報の保存と取り出しを行っている．このとき，安定ならせん構造をもつ DNA は遺伝情報を長期間保存し，一本鎖の RNA は遺伝情報を一時的に運び出している．核酸は別の核酸分子[*14]と結合する際，G は C とのみ，A は T または U とのみ水素結合で結びつく（**図 13.8c**）．こうしてできた塩基（base）のペアを**塩基対**（base pair）という．鎖を形成するのは糖とリン酸で，鎖（分子）同士を結合させるのが塩基対の水素結合であることに注意してほしい（**図 13.8a**）．

*14　二本鎖 DNA の相手の鎖，または転写の際の DNA-RNA 複合体の相手の鎖．

▶ 13.2 細胞のエネルギー論

代謝には相反する二つの経路がある．一つは複雑な分子をより単純な小分子に分解する経路（**異化**）であり，もう一つは細胞構築用の複雑な分子を合成する経路（**同化**または**生合成**）である．一般に複雑な分子は**化学エネルギー**[*15]が高く，単純な分子は低いため，異化はエネルギーを取り出すことができるのに対して，同化はエネルギーを必要とする（**図13.9a**）．細胞はこの表裏一体の代謝経路を制御することによって，エネルギーを獲得し，そのエネルギーを使って細胞を構築する．

*15 ここでは，化学物質がもつ内部エネルギーのこと．化学反応（たいてい酸化）によって放出される．定義が難しい用語ではあるが，生命科学ではしばしば使われるので，この用語で解説する．

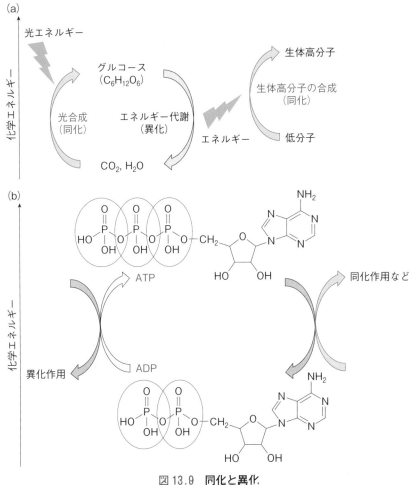

図13.9 同化と異化.
（a）エネルギーを使って，比較的簡単な分子から複雑な分子を合成する代謝を同化という．その逆は異化といい，エネルギーが放出される．（b）異化で取り出されたエネルギーを使って，ATPが合成される．ATPのリン酸同士の結合エネルギーは高く，切断されてADPになる際にエネルギーが放出される．このエネルギーを使って，同化などのエネルギーを必要とする生命活動が営まれる．

13.2.1 細胞のエネルギー利用

　植物・藻類・一部の細菌は，太陽エネルギー（日光の電磁エネルギー）を細胞内の化学結合エネルギーに変換する**光合成**を行う．すなわち，太陽エネルギーを用いて二酸化炭素（CO_2）から糖をつくる．

　地球の大気には酸素が約 21% 含まれているが，酸素の存在下でエネルギー的に最も安定な炭素化合物は CO_2 である．つまり**化学エネルギー**の低い CO_2 から，糖などの化学エネルギーの高い有機化合物を合成するのが光合成である．これは同化の一種といえる．詳しくは 15 章で説明する．

　一方，動物も植物も，糖など有機化合物の炭素原子と水素原子を**酸化**し，それぞれ CO_2 と H_2O に変える．このときに放出される化学エネルギーを利用可能な形で補捉できれば，エネルギーを獲得したといえる．この過程を**呼吸**というが，これは異化にあたる．このとき得られたエネルギーを使って，生物は成長したり子孫を残したりすることができる．

　呼吸は有機化合物を CO_2 と H_2O に変化させるので，結果的には空気中での燃焼反応と同じである．しかし，燃焼反応のような炎（熱と光）は発生しない．何段階もの緩やかな酸化反応の過程で，熱と光以外の形でエネルギーを取り出している．

　取り出されたエネルギーは，その細胞内のどこかで生命活動に利用される．たとえば同化に用いられて核酸のような生体高分子が合成される（図 13.9a）．筋肉細胞であればそのエネルギーは収縮に利用され，神経細胞であれば興奮を伝えるための準備にエネルギーが消費される[*16]．

13.2.2 ATP（アデノシン三リン酸）の働き

　異化によって取り出されたエネルギーは，何らかの利用可能な形に変換しなければ，多くの場合，熱として失われてしまう．そこで細胞は，たとえば **ATP（アデノシン三リン酸）**の化学エネルギーとして蓄える．それが細胞内で素早く拡散して，エネルギーを必要な場所に運搬する[*17]．ATP は，いわば「エネルギーの通貨」として働いて，異化と同化を結びつける（図 13.9b）．

　ATP は **ADP（アデノシン二リン酸）**にリン酸基が付加する反応（リン酸化反応）によって合成される（図 13.9b）．このときに形成されるリン酸同士の共有結合は**高エネルギーリン酸結合**と呼ばれる．エネルギーが必要な場合，ATP は ADP と無機リン酸に加水分解（脱リン酸化）される．すなわち高エネルギーリン酸結合が切断され，このときにエネルギーが放出される．生成した ADP はその後再びリン酸化されて ATP になり，細胞内で循環する．

*16　興奮の伝導は，活動電位と呼ばれる細胞膜の電位変化による．活動電位を発生させるためには，細胞膜の内外に静止膜電位と呼ばれる電位差をあらかじめ生じさせておく必要があるが，そのためのイオンの輸送には ATP（後述する）のもつ化学エネルギーが必要になる．

*17　このような物質を活性運搬体などという．活性運搬体には他にも NADH，$FADH_2$ などがある．

▶ 13.3　呼吸によるエネルギー獲得

　エネルギー源となる有機化合物のうち，重要なのは糖と脂肪酸である．このうち糖について，細胞が呼吸によって ATP を合成する過程を化学的に考察してみよう．

13.3.1　解 糖 系

　解糖系[*18] は酸素（O_2）を必要としないため，嫌気性微生物を含むほとんどの細胞で起こる一連の反応（代謝経路）である（**図 13.10**）．10 個の連続的な反応を経て，炭素 6 個のグルコースが炭素 3 個の**ピルビン酸** 2 分子に変換される．これら 10 個の反応は，それぞれ異なる酵素[*19] が触媒する（**表 13.7**）．

　このとき，NAD$^+$（ニコチンアミドアデニンジヌクレオチド）という有機化合物がグルコース分子由来の炭素から電子を取り去る（**NADH** ができる）．すなわち酸化が起こる．2 分子の ATP が消費（加水分解）されるが，4 分子の ATP が生成されるので，差し引き 2 分子の ATP がグルコース 1 分子から得られる．反応が進む際に放出されるエネルギーの多くは，これら活性運搬体（ATP と NADH）分子に取り込まれるので，熱として失われないことが重要である．

*18　解糖は英語で glyco-lysis という．この単語は，ギリシャ語で「甘い」を意味する glukus と，「破裂」を意味する lusis から来ている．

*19　これらの酵素の名前は「アーゼ」で終わり，イソメラーゼ（異性化酵素），デヒドロゲナーゼ（脱水素酵素）など反応の種類を表す．

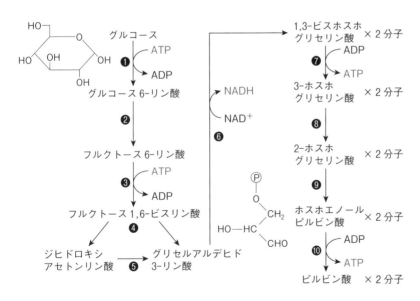

図 13.10　解糖系の反応経路

グルコース（C6）1 分子からグリセルアルデヒド 3-リン酸（C3）2 分子が生成し，ピルビン酸（C3）2 分子に変換される．この代謝経路で ATP と NADH が生成する．Ⓟ はリン酸の略号．❶〜❿ の番号は表 13.7 と対応している．

表 13.7　解糖系を触媒する酵素

反応	酵　素
❶	ヘキソキナーゼ
❷	グルコース 6-リン酸イソメラーゼ
❸	ホスホフルクトキナーゼ
❹	アルドラーゼ
❺	トリオースリン酸イソメラーゼ
❻	グリセルアルデヒド 3-リン酸デヒドロゲナーゼ
❼	ホスホグリセリン酸キナーゼ
❽	ホスホグリセリン酸ムターゼ
❾	ホスホピルビン酸ヒドラターゼ
❿	ピルビン酸キナーゼ

赤字は反応名，黒字は基質名を表す．❶〜❿ の番号は図 13.10
と対応している．

13.3.2　クエン酸回路

　細胞に十分な O_2 供給があれば，真核細胞はピルビン酸を**ミトコンドリア**に
送って，さらなる代謝を行う．まず，ピルビン酸脱水素酵素複合体で脱炭酸し
て，CO_2 1 分子（廃棄物），NADH 1 分子，および**アセチル CoA**[20, 21] 1 分子を
生成する（**図 13.11**）．アセチル CoA のアセチル基（CH_3CO-）は，出発物質
であるグルコースの炭素に由来する．

　アセチル CoA のアセチル基は，さらにミトコンドリアの**クエン酸回路**と呼
ばれる代謝経路で，CO_2 へと酸化される（**図 13.11**）．このとき重要なのは，酸

*20　アセチル基
（CH_3-CO-）に補酵素 A
（コエンザイム A，CoA）が
結合した化合物．CoA は，
パントテン酸というビタミン
にヌクレオチドが結合した有
機化合物である．

*21　脂肪酸の場合は，β 酸
化と呼ばれる代謝経路で大量
のアセチル CoA が生成され
る．たとえばパルミチン酸
（C16）は，アセチル CoA の
形でアセチル基（C2）8 個
に分解される．

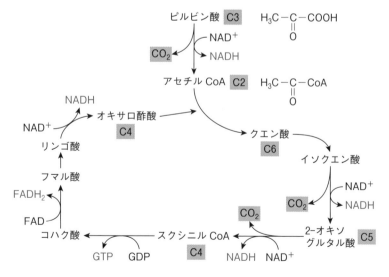

図 13.11　クエン酸回路

アセチル CoA のアセチル基（C2）は，オキサロ酢酸（C4）と結合してクエン酸（C6）に
なった後，CO_2 2 分子にまで完全に酸化される．その間に取り出されたエネルギーは，
NADH，GTP，$FADH_2$ といった活性運搬体に捕捉される．

化によって取り出されたエネルギーが，NADH という活性運搬体の合成に用いられることである．アセチル CoA のアセチル基は，まず4炭素分子であるオキサロ酢酸に移って，6炭素のトリカルボン酸[*22]であるクエン酸をつくる．クエン酸分子は8個の反応で徐々に酸化され，最後にオキサロ酢酸にもどって次のサイクルに入る．この間の酸化エネルギーを使って，NADH や FADH$_2$，GTP といった活性運搬体が生成される．

NADH と FADH$_2$ の化学エネルギーは，ミトコンドリア内膜の電子伝達系という代謝経路に渡され，ATP 合成酵素によって ATP が合成される．細胞は，1分子のグルコースを完全に酸化して H$_2$O と CO$_2$ にすることで，全体で約30分子の ATP を合成する．

*22 カルボキシ基−COOH を3個（トリ）もつ有機化合物をトリカルボン酸 (tricarboxylic acid) という．このためクエン酸回路は，トリカルボン酸回路，略して TCA 回路とも呼ばれる．また，発見者の名をとってクレブス回路ともいう．

13.3.3 代謝を促進する酵素

以上のような細胞内で起こる化学反応の大半は，通常もっと高温でしか起こらない．したがって，それぞれの化学反応が細胞内で素早く進行するためには，**触媒**を必要とする．触媒には多くの場合，**酵素**（enzyme）と呼ばれるタンパク質が利用される[*23]．酵素は反応を促進し，反応速度を大きくするが，自分自身は変化しない．酵素の特徴として，特定の反応物（**基質**）に対して，特定の反応のみを触媒するという性質がある．これをそれぞれ**基質特異性**および**反応特**

*23 タンパク質の他に RNA も触媒として利用されているが，リボザイム (ribozyme) と呼ばれて区別されている．

---

column　脂質とアミノ酸の異化

糖と同様に脂肪酸も，ミトコンドリアに移動して酸化される．ヒトの場合，脂肪組織に貯蔵されたトリアシルグリセロールが加水分解され，遊離脂肪酸として血液によって運搬される．各組織の細胞に取り込まれた脂肪酸は，ミトコンドリア内の β 酸化と呼ばれる代謝経路で，大量のアセチル CoA へと分解される．糖の異化，および脂肪酸の異化のいずれにせよ，アセチル CoA は重要な中間産物，あるいは活性運搬体といえる．

β 酸化は4段階の反応を経る代謝経路で，そのうち三つ目の反応で脂肪酸の β 位の炭素を酸化することから，そう呼ばれる．四つ目の反応で，アセチル CoA と，炭素が二つ分短くなったアシル CoA（脂肪酸に CoA が結合した化合物）が生成する．さらに活性運搬体である NADH と FADH$_2$ が，それぞれ1分子ずつ生成する．この四つの反応を繰り返すことで，大量のアセ

チル CoA が切り出される．たとえば炭素18個からなるステアリン酸は，9個のアセチル CoA に分解される．アセチル基は炭素2個であることから，脂肪酸由来の炭素がすべてアセチル基に変換された（ステアリン酸なら2個×9）ことがわかる．さらに NADH と FADH$_2$ が9分子ずつ生成され，これらも ATP 合成に利用される．脂肪酸は，重量あたりの化学エネルギーを効率よく貯蔵できる有機化合物であるといえる．

糖や脂肪酸の他に，アミノ酸も異化されて化学エネルギーが取り出される．アミノ酸のアミノ基（−NH$_2$）を解離（脱アミノ反応）させると，C・H・O 原子からなる有機化合物になる．これらは側鎖（−R）の構造によって，ピルビン酸，アセチル CoA，クエン酸回路の中間体（2-オキソグルタル酸など．図 13.11 参照）のいずれかに変換される．つまりタンパク質は，糖または脂肪酸の異化経路に合流させることができる．

異性という（詳しくは 14 章で述べる）．実際に，たとえば解糖系の 10 個の反応をそれぞれ 10 種の異なる酵素が触媒するし（**表13.7**），酵素名と異なる反応を触媒してまったく別の生成物を生じさせることもない．これら酵素の活性をコントロールすることで，細胞は複雑な代謝経路をコントロールしている．すなわち，同化と異化とを組み合わせて細胞の秩序を構築している．

練習問題

1. マルトースの加水分解反応を化学反応式で示しなさい．

2. デンプンとセルロースの生理機能の違いを述べなさい．

3. トリアシルグリセロールとリン脂質の化学構造および生理機能の違いを述べなさい．

4. アラニン（側鎖が $-CH_3$ のアミノ酸）が 2 個結合してジペプチドが生成する反応を化学反応式で示しなさい．

5. タンパク質を構成する 20 種のアミノ酸のうち，次のものの名称を答えなさい．
   a．酸性アミノ酸
   b．塩基性アミノ酸
   c．含硫アミノ酸

6. DNA と RNA の化学構造の違いを述べなさい．

7. ATP の働きを説明しなさい．

8. グルコース（$C_6H_{12}O_6$）の酸化反応について次の問いに答えなさい．
   a．空気中で完全燃焼する際の化学反応式を書きなさい．
   b．生体内でも，解糖系・クエン酸回路・電子伝達系の代謝経路を経ることで，まったく同じ生成物が生じる．生成物のうち CO_2 は，上記 3 種の代謝経路のうち，どの経路で生成するか．

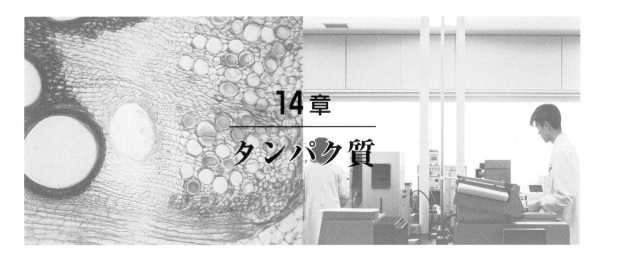

14章
タンパク質

　この章では，生体高分子のうちタンパク質に焦点を当て，その化学構造と働きが密接に関係している様子を見ていく．

　タンパク質は非常に多様な働きをする（**表13.6**参照）．たとえば13章では，細胞内の反応を触媒する酵素を，いくつか学んだ（**表13.7**参照）．アクアポリンやグルコーストランスポーターなどは，疎水性の細胞膜を挟んで細胞内外の水溶性物質の輸送を担っている〔13.1.3（2）参照〕．その他に，細胞構造の成分となるタンパク質もある．たとえばチューブリンは，細胞内で集合して長く硬い微小管を形成し，細胞の形態維持や形態変化に関わる（後述する）．またコラーゲンは，繊維状のタンパク質であるが（**図14.1**），細胞外に分泌されて組織を物理的に支持する（後述する）．アクチンやミオシンは，それぞれ繊維状の構造物（フィラメント）を形成し，動物の筋細胞では滑るように互いの位置をずらすことで，収縮を引き起こす．

▶ 14.1　タンパク質の構造

　タンパク質の多様な働きは，それぞれの分子が固有にもつ「形」に起因する（**図14.1**）．したがってタンパク質の形を理解することはとても重要である．そのためタンパク質では，一次〜四次構造というように，形の成り立ちを階層化して考える．

14.1.1　一次構造：アミノ酸配列

　タンパク質は，20種類のアミノ酸が数十〜数千個連結されて形成されている〔13.1.3（3）参照〕．タンパク質の種類によってアミノ酸の並び順が決まっており，これを**アミノ酸配列**と呼ぶ[*1]．そしてこのアミノ酸配列をタンパク質

*1　核酸（DNAやRNA）では，塩基の並び順，すなわち「塩基配列」が重要である．塩基配列とアミノ酸配列は，セントラルドグマと呼ばれる細胞の基本的なシステム（転写と翻訳）によって関連づけられている．

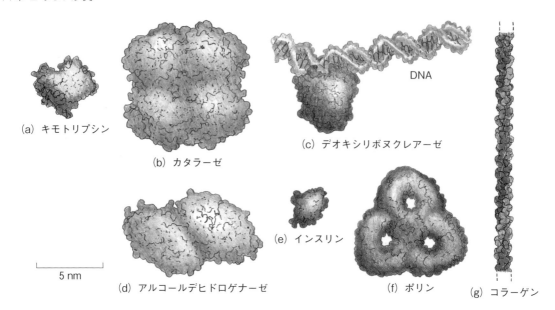

(a) キモトリプシン

(b) カタラーゼ

(c) デオキシリボヌクレアーゼ

DNA

(d) アルコールデヒドロゲナーゼ

(e) インスリン

(f) ポリン

(g) コラーゲン

5 nm

図 14.1　タンパク質のさまざまな形

(a) キモトリプシンはタンパク質を，(b) カタラーゼは H_2O_2 を，(c) デオキシリボヌクレアーゼは DNA を，それぞれ分解する酵素．(d) アルコールデヒドログナーゼはアルコールを酸化（脱水素）してアルデヒドに変換する酵素．(e) インスリンは血糖値を調節するホルモン．(f) ポリンは小分子が細胞膜を透過するためのタンパク質．(g) コラーゲンは皮膚などに含まれ，組織を支える．Adapted from "Figure 4-10", from ESSENTIAL CELL BIOLOGY, FIFTH EDITION by Bruce Alberts, et al. Copyright © 2019 by Bruce Alberts, Dennis Bray, Karen Hopkin, Alexander Johnson, the Estate. Used by permission of W. W. Norton & Company, Inc.

の**一次構造**ともいう．たとえばヒトのインスリン分子であれば，同一人物の体内でつくられるインスリン分子はどれも同じアミノ酸配列をもつ．ヒトは数万種類ものタンパク質を合成するとされるが，そのいずれも固有のアミノ酸配列をもっている．

　タンパク質（ポリペプチド）は，アミノ酸のアミノ基（$-NH_2$）とカルボキシ基（$-COOH$）が縮合してできるが（**図 13.6** 参照），その連結に関わる部分（$-NH-CH-CO-$）をポリペプチドの**主鎖**という．そして主鎖から突き出ている部分（$-R$）をアミノ酸**側鎖**といい，各アミノ酸の化学的性質を決めている．その性質は，非極性で疎水性のもの，負あるいは正の電荷をもつもの，反応性に富むものとさまざまである（**表 13.5** 参照）．

14.1.2　タンパク質の高次構造：二次〜四次構造

　一次構造はアミノ酸の並び順（配列）であり，単なる情報に過ぎない．実際にタンパク質分子が「形」をなすのは二次構造以降であり，これを**高次構造**という（**図 14.2**）．まず第一に，ポリペプチド鎖の部分的な立体構造を**二次構造**という．そしてポリペプチド鎖の全体的な立体構造を**三次構造**という．タンパ

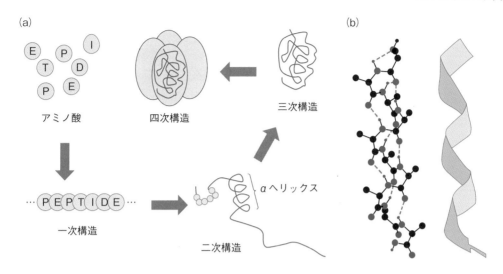

図 14.2 タンパク質の高次構造

（a）一次構造から高次構造が形成される．（b）二次構造の一種である α ヘリックス．ペプチド結合（−CO−NH−）の O 原子と別のペプチド結合の H 原子とが，水素結合で空間的に接近することによって，らせん（ヘリックス）状の立体構造が形成される．

ク質は複数のポリペプチド鎖の組合せでできていることがあり，その場合の構造を**四次構造**と呼ぶ．

(1) 二次構造

タンパク質の部分的な折りたたみ構造を**二次構造**というが，その代表的なものは**α ヘリックス**と**β シート**である（**図 14.2b**）．さまざまなタンパク質に，この 2 種類の折りたたみパターンを共通して確認できる．第一のパターンである α ヘリックスは，皮膚や毛髪・爪・角などに大量に存在する**α-ケラチン**というタンパク質から見つかった．α ヘリックスが報告されたその年には，β シートと呼ばれる第二の折りたたみ構造も，絹の主成分である**フィブロイン**で発見された[*2]．

この二つの構造は，ポリペプチド主鎖内の N−H 基と C=O 基を結ぶ水素結合によって形成される（**図 14.2b** の点線）．ポリペプチド鎖上の少し離れた N−H 基と C=O 基とが，水素結合によって空間的に接近することで，ポリペプチドの「ひも」は折りたたまれ，らせん状またはシート状の形をなしている．

(2) 三次構造と四次構造

1 本のポリペプチド鎖の全体的な立体構造を**三次構造**といい（**図 14.3a**），三次以上の高次構造が，そのタンパク質の機能に直結する．たとえば酵素の**基質特異性**（特定の物質しか触媒しない性質）は，その酵素の形と合う物質にしか作用しないからである（後述する）．

ヘモグロビンなどのように，機能を発揮するために二つ以上のポリペプチド

*2 1951 年，アメリカのライナス・ポーリングとロバート・コーリーが α ヘリックスと β シートを提案した．

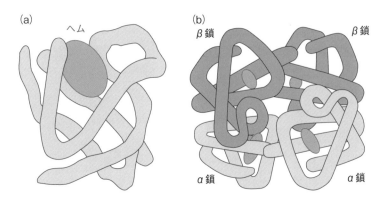

図 14.3 ミオグロビンの三次構造（a）とヘモグロビンの四次構造（b）
ミオグロビンやヘモグロビンは，ヘムという有機化合物をもつ複合タンパク質である．

鎖が結合（**会合**）することがある（**図 14.3b**）．ヘモグロビンでは，2本の α グロビンと2本の β グロビン，計4本のポリペプチド鎖が会合している．会合した全体の構造を**ユニット**，一つ一つのポリペプチド鎖を**サブユニット**という．四次構造とはサブユニットの会合の仕方ということができる．

14.1.3 高次構造（形）は一次構造で決まる

ポリペプチド鎖は長く，また主鎖の原子同士が単結合で結びついているので，原子は自由に回転できる．したがって，タンパク質には無数の折りたたみ方がありうる．たとえるなら，ひもを1本渡されて，「これで何か立体的な形をつくってみなさい」といわれたら，できあがってくる形は十人十色であろう．しかしタンパク質では，折りたたまれた鎖の形は，タンパク質の種類によって固有のものになる（**図 14.1** 参照）．この理由は，タンパク質の内部にできる化学的な結合力の影響を受けるからである．

ポリペプチド鎖の最終的な折りたたみ構造を**コンホメーション**（**立体構造**）という．このコンホメーションは，どのポリペプチド鎖でもエネルギー的に決まる．つまり通常，ギブス自由エネルギー（G）（9.9節参照）が最小の形になる．これは，次のような実験で確かめることができる．タンパク質を，ポリペプチド鎖の折りたたみ状態を壊す溶媒（後述するように，酸性溶液や塩基性溶液など）に溶かすと，形成していた高次構造がほどかれ，タンパク質は本来の形を失う．この状態を**変性**という（**図 14.4a**）．コンホメーションが壊されたかどうかを厳密に確かめるのは難しいが，たとえば酵素だったら，活性を失ったかどうかを確かめることはできる．次いで変性に使った溶媒を除くと，タンパク質は再び自然に折りたたまれ，元のコンホメーションにもどる．すなわちコンホメーションは，一次構造（アミノ酸配列）の情報さえあれば，一義的に決まる．

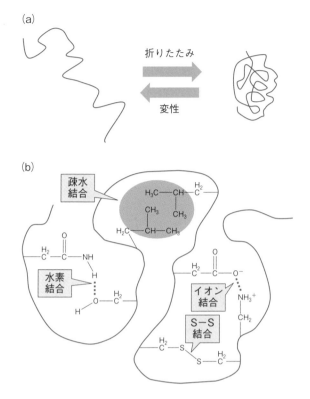

図14.4　タンパク質の折りたたみと変性

（a）ポリペプチド鎖は折りたたまれることで高次構造を形成し，正しく機能できるように
なる．折りたたみのための化学的結合力が熱やpHなどで乱されると，変性してひもの状
態にもどり，機能を失う．（b）タンパク質の折りたたみには，水素結合，疎水性相互作用
（疎水結合），イオン結合，ジスルフィド結合（S−S結合）などがかかわる．

14.1.4　高次構造を形成する化学的結合力

　タンパク質を折りたたみ，形を維持する化学的結合力には**非共有結合**と**共有
結合**がある．非共有結合としては，**水素結合**と**イオン結合**（**静電引力**）の二つ
と，第三の弱い力，**疎水結合**（**疎水性相互作用**）が重要な役割を果たす（**図14.
4b**）．水中に疎水性分子が存在するとき，周囲を取り囲む水分子の水素結合の
網目構造（ネットワーク）をできるだけ壊さないように，疎水性分子同士は集
合する性質がある．このように集合する力を疎水結合という．タンパク質中の
疎水性アミノ酸も，集合してタンパク質の内側にしまい込まれることで，水分
子との接触が避けられる．

　高次構造の形成にかかわる代表的な共有結合は，硫黄原子間の結合である**ジ
スルフィド結合**（**S−S結合**ともいう）である（**図14.4b**）．これは，折りたた
まれたタンパク質の中で，空間的に接近したシステイン側鎖の−SH基同士が
結合したものである（**図14.4b**）．ジスルフィド結合は，他の三つの力に比べ

て原子同士を強く結びつけるため，タンパク質を好ましいコンホメーションに安定化（クリップ止め）するのに役立つ．

これらの化学的結合を切断する条件が加えられると，タンパク質は変性する．たとえば，タンパク質を加熱すると熱運動が激しくなり，水素結合が切断される．また pH が変化すると，酸性アミノ酸（負に荷電している）の側鎖または塩基性アミノ酸（正に帯電している）の側鎖の荷電が消失する．するとイオン結合が切断される．酵素は，タンパク質であるために高い特異性や触媒能をもつものの，タンパク質であるために熱と pH 変化に弱い．酵素が最も高い活性を示す温度や pH を**最適（至適）温度**および**最適（至適）pH** といい，例外はあるものの，多くの酵素が 37℃，pH 7 付近で最も高い活性を示す．

▶ 14.2 タンパク質が働く仕組み

14.2.1 タンパク質は他の分子と結合して働く

タンパク質は，他の分子（タンパク質分子または非タンパク質分子）と，高い**特異性**をもって結合する．すなわち，あるタンパク質の周囲に存在する無数

---

column タンパク質の折りたたみミス

タンパク質の折りたたみ（フォールディング）は，細胞内で必ずうまくいくわけではなく，時に間違うこと（ミスフォールディング）がある．タンパク質の折りたたみを間違うと，タンパク質分子が集合して不溶性の巨大分子（凝集体）となり，細胞や組織を傷害することがある．このようなタンパク質の凝集体は，アルツハイマー病やハンチントン病などの神経変性疾患の原因になると考えられている．

ヒツジのスクレイピー，畜牛のウシ海綿状脳症（狂牛病ともいう），ヒトのクロイツフェルト・ヤコブ病などの伝染性神経変性疾患は，プリオンと呼ばれるミスフォールディングタンパク質によって起こる．プリオンは，PrP と呼ばれる正常なタンパク質が誤って折りたたまれたもので，正しく折りたたまれた PrP も異常なコンホメーションに変化させる．そして異常プリオンは凝集体を形成し，神経変性疾患を引き起こす．プリオンは，感染した個体から健常な個体へと，汚染した食品や血液などを介して広がる．

これらのミスフォールディングによる凝集体を防ぐために，細胞はいくつかの仕組みを備えている．14.1.3 項で述べたように，ポリペプチド鎖はおのずと正しく折りたたまれるが，それだけでなく，細胞内ではシャペロンと呼ばれるタンパク質の補助も受けて折りたたまれる．なかにはシャペロンなしには正しく折りたたまれないタンパク質も存在する．「シャペロン」とは，元々は西洋の貴族社会における「介添人」のことである．まさにタンパク質のフォールディングを介添えしているといえる．またシャペロンは，正しい折りたたみを補助するだけでなく，ミスフォールディングを検知し，そのタンパク質を分解に導く機能もある．たとえば小胞体の中でタンパク質のミスフォールディングが検知されると，そのタンパク質は細胞質へ転送され，プロテアソームと呼ばれるタンパク質分解を担う巨大な酵素複合体で分解される．プロテアソームは，正常タンパク質であっても，損傷したり不要になったりした場合は分解して，アミノ酸をリサイクルする．このように，「うまくいかない」ときの備えも細胞はもっている．

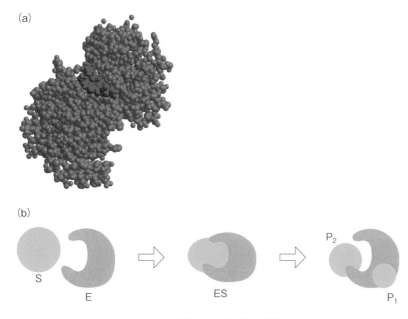

(a)

(b)

P_2

S

E

ES

P_1

図 14.5　**酵素とリガンドの結合**
（a）P38 という酵素（灰色）と，その阻害剤（赤色）が，ピッタリとはまり込むように結合している．この図の薬剤は，本来基質がはまり込むポケットに結合するタイプの阻害剤で，基質もこのような薬剤も，ともにリガンドと呼ばれる．（b）酵素（enzyme, E）と基質（substrate, S）が接近すると，くぼみにピッタリとはまって酵素-基質複合体（ES）を形成する．ただし，ES における基質は少し構造をゆがめられており，生成物（product）の P_1 と P_2 に分解されて，酵素から解離する．

の分子のうち，せいぜい数種類の分子としか結合しない．タンパク質が結合する物質は，イオン・有機小分子・巨大分子を問わず，そのタンパク質の**リガンド**[*3]と呼ばれる．リガンド分子の表面の形と，タンパク質分子の表面の形が，鍵と鍵穴のようにピッタリと合うときにのみ，互いに結合し作用し合う（**図14.5a**）．
　分子の表面同士があまり一致しない場合，二つの分子は出合ってもすぐに離れてしまう．一方，表面同士がピッタリはまると，二つの分子の間で非共有結合が形成され，結合が保持される．この間に，たとえば酵素であれば，基質に対して触媒作用を及ぼすことができる．タンパク質がリガンドと結合する部位を**結合部位**といい，たいていはアミノ酸側鎖が特定の空間配置で並んでできた「くぼみ」[*4]である．

14.2.2　酵素が働く仕組み
　酵素はたいてい，球状の三次または四次構造をもつ**球状タンパク質**である（**図14.1**参照）．酵素は，**基質**と呼ばれる反応物と結合し，その化学変化を促進する．基質はリガンドでもあるため，酵素は特定の反応物としか結合しない．この性質を**基質特異性**という．また酵素は**反応特異性**も高く，1種類の反応

*3　ラテン語で「結合」を意味する ligare を語源とする．

*4　くぼみのうち，穴のような形状で周囲をタンパク質表面に囲まれているものを「ポケット」，裂け目のような形状で穴が浅いものを「クレフト」と呼ぶ．

（たとえば加水分解反応や脱水素反応など）しか触媒しない.

　リゾチームを例に，酵素の触媒作用を考えてみよう．この酵素は，卵白・唾液・涙などに含まれ，細菌細胞壁の多糖の鎖を切断することで，抗菌成分として働く．リゾチーム分子の表面には**活性部位**と呼ばれる結合部位があり，基質分子の形とピッタリ合うと，結合して**酵素-基質複合体**を形成する．複合体が形成されるとすぐに，酵素は多糖鎖中の糖-糖結合に水分子を付加する反応を触媒し，多糖類を切断（加水分解）する．切断された糖鎖はすぐに遊離し，酵素は次の反応に備えて遊離状態にもどる（図 14.5b）．すなわち他の触媒と同じく，酵素自身は変化しない.

　酵素-基質複合体の形について，もう少し詳しく見てみよう（図 14.5b）．リゾチームが基質の多糖と結合したとき，多糖鎖内の糖の一つは形をゆがめられ，本来の安定なコンホメーションから変形している．この複合体のときの「新たな形」が，基質にとって**反応中間体**（あるいは**遷移状態**）となっているため，反応が促進する.

14.2.3 細胞や組織を支える仕組み

　アクチンフィラメントは細胞骨格の主成分の一つで，真核細胞に大量に存在し，線維を網の目のように張りめぐらせて細胞を支持している（図 14.6a）．この線維は，**アクチン**という球状タンパク質が重合してできている．別の細胞骨格である**微小管**（microtubule）は，**チューブリン**というタンパク質が集まって長く伸びた，中空の管（チューブ）である（図 14.6b）.

　一方，連結するまでもなく，元から細長いタンパク質もある．こうしたタンパク質は，まとめて**線維状タンパク質**と呼ばれる．線維状タンパク質は細胞外に多く，網目構造をとってゲル状の**細胞外マトリックス**を形成し，細胞を結びつけて組織を形づくっている．なかでも**コラーゲン**というタンパク質は，動物組織の細胞外マトリックスの成分として重要である．コラーゲンは，ポリペプチド鎖内のアミノ酸 3 個ごとに非極性アミノ酸のグリシンが現れる規則正しい一次構造をしている（アミノ酸の 1 文字表記からとって**GXY 構造**という）．このポリペプチド鎖 3 本が巻き合って，グリシンを中心に三重らせん構造を形成している（図 14.1 参照）．このコラーゲン分子がさらに集合すると，**コラーゲン原線維**と呼ばれる長い構造物になる．コラーゲン原線維は丈夫で，組織同士を結び合わせるのに役立っている.

14.2.4 タンパク質は小分子が結合して働くこともある
(1) ヘモグロビン：小分子と非共有結合するタンパク質
　タンパク質は，ペプチド以外の小分子またはイオンと結合して働くことが多

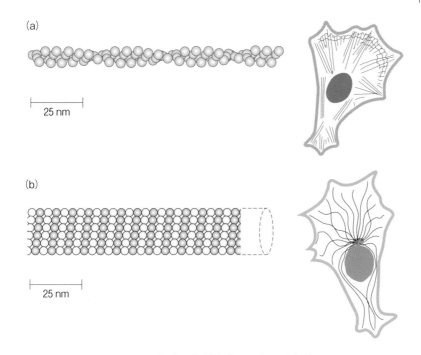

図 14.6　細胞や組織を支えるタンパク質
（a）アクチン分子が重合してアクチン線維が形成される．（b）微小管は，チューブリン分子が
重合してチューブ状の構造になる．

い．たとえば**ヘモグロビン**というタンパク質は，**グロビン**というポリペプチド
鎖に**ヘム**という小分子が非共有結合によって結びついている（**図 14.7a**）．ヘ
ムは，ポリペプチド鎖 1 本あたり 1 分子結合し，ヘモグロビンは四量体（四つ
のサブユニットが会合したタンパク質）であるため，都合 4 分子のヘムが含ま
れる．ヘムの中心にはそれぞれ鉄イオンが 1 個あり（**図 14.7a**），そのためヘ
モグロビンは赤色である．ヘモグロビンは赤血球に含まれており，血液が赤い
のもヘムに起因している．

　水に溶解した酸素（O_2）は，鉄イオンを介してヘムと結合するので，ヘモグ
ロビンは肺から酸素を取り込んで各組織に運搬することができる．このように，
タンパク質は特定の小分子またはイオンと結合し，これらの物質の補助を受け
ることで生理機能を果たしていることが多い[*5]．

(2)　酵素のリン酸化：小分子と酵素の共有結合

　多くの生物，とくに真核生物では，タンパク質を**リン酸化**することで，その
活性がよく調節されている．タンパク質のリン酸化とは，ポリペプチド鎖内の
アミノ酸（セリン，スレオニン，チロシン）側鎖に，リン酸基を共有結合によ
り付加することである（**図 14.7b**）．リン酸基は負電荷をもつため，たとえば
タンパク質内の正電荷をもつアミノ酸側鎖を引きつけて，コンホメーションを

*5　とくに酵素の場合，結
合する小分子またはイオンを
補因子と呼ぶ．補因子のうち，
タンパク質と長時間結合を保
持する有機小分子を補欠分子
族と呼び，タンパク質と結
合・解離を繰り返す有機小分
子を補酵素と呼ぶ．ビタミン
は，生体内で補酵素に変換さ
れて働くものが多い．金属イ
オンは有機化合物ではないた
め，単に補因子と呼ばれる．

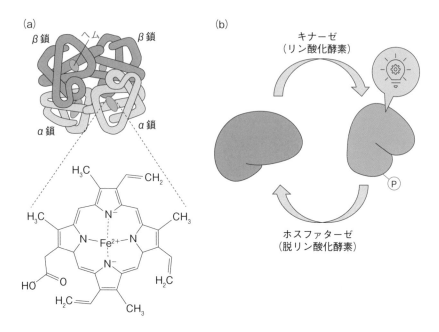

図 14.7　タンパク質に結合する小分子

（a）ヘム．中心に Fe イオンをもち，ヘモグロビンに結合して O_2 の結合に貢献する．（b）リン酸．タンパク質に結合すると構造変化を引き起こし，活性化のスイッチになる．タンパク質によっては逆に不活性化のスイッチになる．

大きく変化させる．そしてタンパク質表面のリガンド結合が変化し，それによってタンパク質の活性が変化する．最後にリン酸基が取り除かれる（脱リン酸化される）と，タンパク質は元のコンホメーションにもどり，本来の活性にもどる．タンパク質の種類によっては，リン酸化によって活性が促進されることもあれば阻害されることもある．いずれにせよ，リン酸がタンパク質活性の ON または OFF のスイッチとして働いている．

　リン酸化反応は**タンパク質キナーゼ**という酵素が，脱リン酸化反応は**タンパク質ホスファターゼ**という酵素が触媒する（**図 14.7b**）．細胞内でキナーゼとホスファターゼが複合的に働くことで，その基質となるタンパク質は活性の ON/OFF を素早くスイッチングすることが可能になっている．

練習問題

1. タンパク質の一次構造から四次構造までの違いを述べなさい．
2. タンパク質が変性すると何が起こるか説明しなさい．
3. 酵素が特定の温度や pH の範囲でしか有効でないのは，なぜだろうか．
4. 酵素が鍵と鍵穴の関係で作用するのはなぜだろうか．
5. ヘモグロビンの構造と生理機能について説明しなさい．

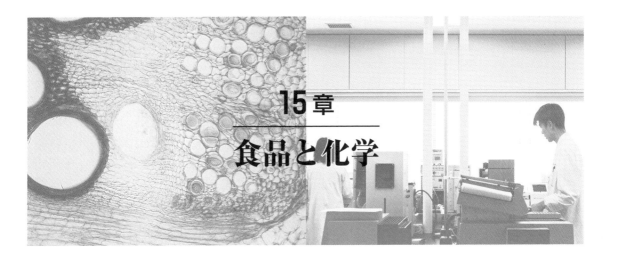

15章
食品と化学

▶ 15.1 食品成分と化学

　食品を化学的な視点から捉えてみよう．ハンバーグはブタやウシの筋肉，いくらはサケやマスの卵，野菜サラダは植物の葉という組織に由来する．これらは言い換えれば**動物細胞**または**植物細胞**であるから，「食品の多くは細胞である」と表現できるかもしれない．さらには，パンや麺類，チョコレートを例にとってみると，パンの原料の小麦種子には細胞内高分子化合物である**デンプン**，生地のドウを形成するグルテンという**タンパク質**が存在し，チョコレートに含まれる砂糖は，**葉緑体**と呼ばれる細胞内器官で**光合成**という光化学反応と空気中の炭素を同化する化学反応が元となり，生合成された化合物である（後述する）．したがって，食品は「複雑な化学反応をしながら生命活動を営む単位：細胞が集まり，ある一定の作用を営んでいるもの：**組織**であり，その生命活動の結果として産生された化合物である」と捉えることができる．言い換えれば，食品の成分や味や健康増進が期待される成分は，細胞が**化学反応**という**代謝**を行った証である．したがって代謝を変動させる手段を知れば，食品の質を変えることも可能になる．

　この章では，光合成産物である**糖**（**炭水化物**）と，化学的性質が食品に利用されることが多い**タンパク質**について解説する．

15.1.1 炭水化物
(1) 光合成と炭水化物

　私たちが摂取している**炭水化物**の多くは，植物が体内で合成した**多糖**である．植物は空気中の二酸化炭素を用いて糖を合成することができる．この化学反応を**光合成**という[*1]．光合成は，**光化学反応**とそれに続く**電子伝達反応**，**カルビ**

*1　分子量の小さい物質が分子量の大きい物質へと変化する際にエネルギーを吸収する反応を同化という．光合成の場合，光のエネルギーを吸収する．

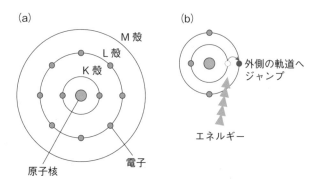

図15.1 電子軌道 (a) と励起 (b)

ン-ベンソン回路からなる.

　光化学反応は，クロロフィルと呼ばれる葉緑体の色素が光により励起されることから始まる．励起について4.5.1項を振り返る．電子は，原子核を中心にしてその外側に存在している．たとえば図15.1 (a) のように，電子はK殻の軌道に2個存在し，3個目はL殻に位置する．L殻の軌道に8個の電子が存在しないうちに，M殻の軌道に電子が存在することはない．ところが図15.1 (b) のように，矢印のような強いエネルギーを当てると，K殻からL殻へと電子が外側の軌道へジャンプする．これを励起という．クロロフィルが励起されると，クロロフィル分子の電子が外側の軌道へ移るどころか，放出される．この状態はクロロフィルにとって非常に不安定である．そこで水から電子を奪うことで基底状態へもどる．次式のように，水は酸化されて酸素を発生する．

$$2H_2O \xrightarrow{4e^-} 4H^+ + O_2$$

この式からわかるように，光合成により放出される酸素は，水分子の酸素原子に由来する．一方，放出された電子は，プラストキノン，フィロキノン，フェレドキシンといった化合物に次々と渡され，最終的にはフェレドキシンがフェレドキシン-NADP$^+$レダクターゼという酵素によりNADPHを生成する．このように明反応は，光のエネルギーから酸素とNADPHを生成する反応である．

　カルビン-ベンソン回路は，光の強さに左右されない反応である．葉の裏側に多く存在する気孔から二酸化炭素を吸収し，細胞が利用できる化合物に変換する反応であり，炭素同化あるいは炭素固定といわれる．二酸化炭素は，リブロース-1,5-ビスリン酸カルボキシラーゼ/オキシゲナーゼ（通称ルビスコ）と呼ばれる酵素により，3-ホスホグリセリン酸の一部となる（図15.2）．ここからさらに，光化学反応で得られたNADPHといったエネルギーの高い化合物を酸化しつつ，スクロースやデンプンが合成される．このようにカルビン-ベ

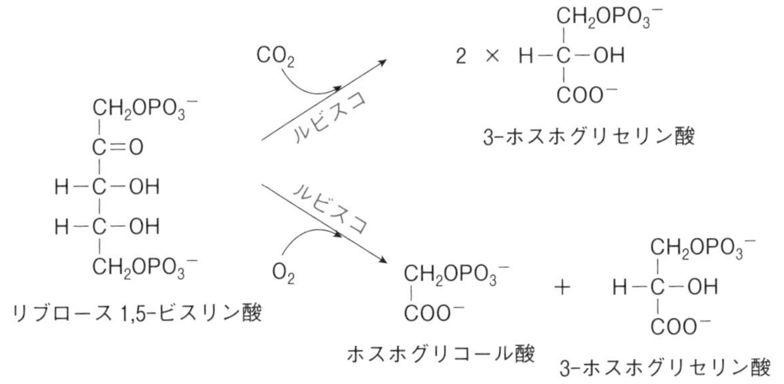

図 15.2　ルビスコが触媒する反応

ンソン回路は，空気中の二酸化炭素を同化して糖を生成する反応である．一般に果物にはグルコースやフルクトースが多く含まれ，穀物やいも類にはデンプンが多く含まれる．デンプンは α-グルコース（図 15.4 参照）の重合体である．また，野菜には，細胞壁の構成成分であるセルロースも含まれる．セルロースは β-グルコース（図 15.4 参照）の重合体である．デンプンとセルロースはどちらもグルコースの重合体であるが，ヒトはセルロースを分解する酵素をもたない．そこで食品学では**食物繊維**と称されている〔(3) の (c) も参照〕．

(2) 光 呼 吸

私たちが摂取する炭水化物の源は光合成産物であると述べた．言い換えれば，日照時間が少ない年や地域では光合成反応が盛んに行われず，炭水化物源が減少する．たとえば光合成量は，日本において日照時間が長くなる 7 月から 9 月に，梅雨が長引いたり台風が頻繁に襲来するといった理由で日照時間が短くなると，例年より減少する．

また，日中の暑い日が続くことでも光合成量は減少する．その理由は次の通りである．気温が高いと植物は水分が奪われるのを防ぐために気孔を閉じる．しかし気孔は水分だけでなく，光合成に関わる二酸化炭素や酸素の出入り口でもある．水の蒸散を防ぐために気孔が閉ざされると，光合成も制限されてしまう．日中の暑い日には，植物のルビスコはリブロース 1,5-ビスリン酸に二酸化炭素をつけるかわりに**酸素**をつけて 3-ホスホグリセリン酸を合成する（図 15.2）．なぜ二酸化炭素のかわりに酸素を固定するかというと，細胞内の酸素が有毒に働くのを防ぐためである（この有毒な酸素を**活性酸素**という）．当然，炭素固定の効率は落ちるが，私たちの食糧となる穀物でこの反応（**光呼吸**と称される）が盛んになると，深刻な収量減少になる．

イギリスの大学のチームが，この問題を解決する試みをしている．論文で発表された 2019 年と 2020 年の試みを次頁の column で紹介する．

(3) 炭水化物の種類

13.1.3項（1）で述べたように，炭水化物は炭素（C），酸素（O），水素（H）の三つの元素からなる．

炭水化物の最小の単位は**単糖**である．単糖類は，それを構成する炭素数により，三単糖（C₃），四単糖（C₄），五単糖（C₅），六単糖（C₆）に分けられる．以下（a）では単糖について，その構造と味に着目しつつ説明する．

グリコシド結合（図13.3b参照）により単糖がいくつか結合した化合物は**オリゴ糖**と呼ばれ，多数結合した高分子化合物は**多糖**と呼ばれる．以下（b）および（c）では，食品として取り込んだ際に消化できるかという視点から説明する．

(a) 単糖類

おもな単糖類を図15.3に示す．**グリセルアルデヒド**は最も簡単な三単糖である．細胞内では糖代謝中間体としてリン酸エステルの形で存在する．**エリトロース**は四単糖の一つで，低カロリー甘味料の一種である．**リボース**は五単糖の一つで，核酸の一種であるRNA（リボ核酸），光合成反応における電子伝達

```
        CHO                CHO            HOH2C    O    OH
         |                  |                 C         C
   H—C—OH              H—C—OH              H    H  H    H
         |                  |                 C         C
       CH2OH            H—C—OH              HO       OH ← H になると
                            |                           デオキシリボース
                          CH2OH
  D-グリセルアルデヒド    D-エリトロース      D-リボース
     （三単糖）           （四単糖）         （五単糖）
```

図 15.3 三，四，五単糖の構造

---

column　収穫量にかかわるタンパク質

イギリスのエセックス大学のチームは，光呼吸に関わるHタンパク質を植物の葉で増加させると，収穫量が27%から47%に増加することを発見した．Hタンパク質を過剰に合成できる穀物を遺伝子を操作することでつくり出し，許可を得た管理された環境下で，約2年に渡る野外での実践的な実験も試みられた．この研究は，地球温暖化などの気候の変化や世界の人口増加に伴う食糧不足に対して，解決の一助となることを目的としてなされた．

図15A　Hタンパク質を過剰に発現させたモデル植物（タバコ）の野外実験の様子

P. E. López-Calcagno et al., *Plant Biotechnol. J.*, **17**, 141 (2019), doi:10.1111/pbi.12953 より．

体である NAD（ニコチンアミドアデニンジヌクレオチド）などの構成成分である．**DNA**（デオキシリボ核酸）は，リボースの2位の−OH が−H になったデオキシリボースである．**グルコース（ブドウ糖**とも呼ばれる）は六単糖の代表である．グルコースが環状構造をとると C1 炭素が**不斉炭素原子**になるため，異性体の**α 型**と **β 型**が存在する（**図15.4**）．これらは水溶液中で平衡状態を保っているが，低温では α 型が多くなる．α 型は甘味が強いため，グルコースを多く含む冷菓を冷やしてから食べると甘みが増す．**フルクトース（果糖**とも呼ばれる）は果物やハチミツに含まれる．果物を冷やすと甘くなるのは，低温では甘味の強い β 型が増加するためである（**図15.4**）．

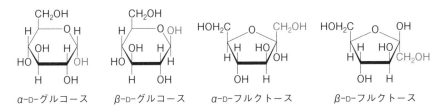

α-D-グルコース　　β-D-グルコース　　α-D-フルクトース　　β-D-フルクトース

図15.4　グルコースとフルクトースの異性体

(b) 二 糖 類

　おもな二糖類を**図15.5**に示す．**スクロース（ショ糖**とも呼ばれる）は，α 型のグルコースがフルクトースの2位の−OH と結合したものである．サトウキビやテンサイをはじめ植物に広く存在する．**ラクトース（乳糖**）は D-グルコースと D-ガラクトースが β 結合したもので，乳に存在する．哺乳類においては，ラクターゼという消化酵素により加水分解されて吸収されるが，ヒト以外の哺乳類では，授乳期を過ぎると次第にラクターゼが体内で合成されなくなる．ヒトはウシを家畜化してきた背景があり，成人でも牛乳が手に入ったことから，ラクターゼ遺伝子の発現を調節する DNA に変異が入り，多くは生涯ラクターゼが体内で合成される形質をもっている．

α-グルコース由来　β-フルクトース由来　　β-ガラクトース由来　β-グルコース由来

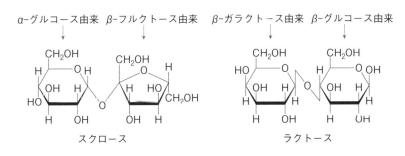

スクロース　　　　　　　　　　ラクトース

図15.5　二糖類の構造

(c) オリゴ糖と多糖類

複数個の単糖が連なった糖を**オリゴ糖**という．乳果オリゴ糖はフルクトオリゴ糖，ラクトース（乳糖）とフルクトース（果糖）からなり，健康を維持・増進する効果が期待されるので，特定保健用食品（トクホ）に含められている．難消化性である．

デンプンは α-グルコースの重合体である．植物の貯蔵多糖であり，ヒトはアミラーゼをもつので，消化・吸収してエネルギー源とすることができる．**セルロース**は β-グルコースの重合体である．天然に最も多く存在する糖であるが，ヒトはセルラーゼをもたないので消化することはできない．

15.1.2 栄養素としてのタンパク質と化学

食材には数万種類の**タンパク質**が存在している．たとえば，畜肉や魚肉では骨格筋が湿重量の 20％ を占め，**ミオシン**や**アクチン**と呼ばれる繊維からなる．一方で，軟骨や皮膚には**コラーゲン**や**エラスチン**が多く含まれる．イカを塩辛のような食感にする**プロテアーゼ**と呼ばれるタンパク質分解酵素もタンパク質である．細胞に存在するすべてのタンパク質は遺伝子によりコードされているが，その遺伝子の活性（**遺伝子発現**という．俗に遺伝子の ON/OFF と表現される）を調節する因子もタンパク質である．

タンパク質は，**アミノ酸**という化合物が連なった構造をとる．13.1.3 項（3）で述べたように，タンパク質を構成するアミノ酸は，一般には 20 種類といわれている（**表 13.5** 参照）．ここでは 20 種類のアミノ酸を，栄養学的な視点から**必須アミノ酸**と**非必須アミノ酸**に分類して説明する．

(1) 必須アミノ酸と食事

アミノ酸はその側鎖により，種類と性質が特徴づけられている．20 種類のアミノ酸のうち，動物が体内で合成できないアミノ酸を**必須アミノ酸**という．ヒト（成人）では 9 種類ある．必須アミノ酸は食品から摂取することでしか補うことができない．食品素材によってアミノ酸の含有量が異なり，たとえば米，小麦，とうもろこしはメチオニンを多く含むが，リジン，スレオニン，トリプトファンなどの必須アミノ酸についてはヒトにおける必要量に満たない．一方，大豆は，メチオニンやスレオニンの含有量は少ないが，トリプトファンは多く含んでいる．必須アミノ酸のなかでいずれか一つが必要量に対して不足すると，その他のアミノ酸の量が十分であっても，その不足したアミノ酸のために栄養が制限される．したがって白米と味噌汁，お赤飯のように，互いの栄養素を補う組合せの食事が必要である．

一方，20 種類のアミノ酸のうち，動物が体内で生合成することができるアミノ酸を**非必須アミノ酸**という．

(2) アミノ酸系うまみ成分

　グルタミン酸のナトリウム塩である**グルタミン酸一ナトリウム（MSG）**は，昆布に多く含まれ，**うま味成分**として知られている．うま味化合物は，T1R1，T1R3 と呼ばれる舌の上の受容体に捕捉される．受容体にうま味化合物が結合すると，味の情報が脳に伝達される．うま味には**相乗効果**が知られているが，それを図 15.6 で化学的に説明する．（a）では MSG（図中 Glu）のみが受容体に結合しているのに対して，（b）では GMP が存在することで開口に蓋をするように T1R1 と結合して，開口が閉じた（アクティブな）構造で安定化している．しいたけなどを具材とする煮物などを，昆布だしで料理するとおいしいのは，このためである[*2]．

(3) タンパク質の変性と食品

　14.1.2 項で述べたように，タンパク質はアミノ酸の側鎖間で水素結合，疎水結合，イオン結合，ジスルフィド結合をすることで**高次構造**を形成している．また 14.1.3 項で述べたように，その高次構造（ポリペプチド鎖の折りたたみ状態）を変化させる酸性溶液や塩基性溶液などに溶かすと，高次構造がほどかれ，タンパク質は本来の形を失う（**タンパク質の変性**という．図 14.4a 参照）．このようなタンパク質の特性を有効利用した食品は，**表 15.1** に示すように多数存在する．

*2　この他，うま味を呈する化合物にはグルタミン酸エチルアミド（テアニン．玉露に含まれる）やイノシン酸（核酸の代謝産物．かつお節や畜肉に含まれる）などがある．

▶ 15.2　食品加工・保蔵と化学

　動植物に由来する食材自体も代謝機能をもっている．したがって生体内の化合物は，収穫・漁獲の直後から化学的に変化したり酵素で分解されたりする．たとえば油分の多い食材は酸化され，水分の多い食材は加水分解される．自ら

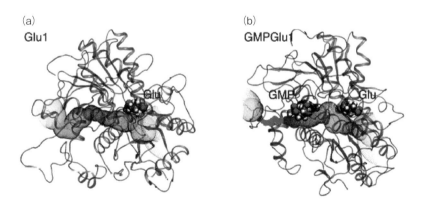

(a) Glu1　　(b) GMPGlu1

図 15.6　MAG（図中 Glu）と GMP が T1R1 に結合した際の構造変化
O. G. Mouritsen, H. Khandelia, *FEBS J.*, **279**（17）, 3112（2012）, doi:10.1111/J.1742-4658.2012.08690.x より.

表 15.1　タンパク質の化学的な変性とこれを
　　　　利用した食品

変性要因		食品名
酸	乳酸	ヨーグルト
	酢酸	魚肉の酢じめ
塩	食塩	かまぼこ
	マグネシウム塩	豆腐
酵素	キモシン	チーズ
	イカ消化酵素	塩辛
ジスルフィド結合生成		（小麦粉を練った）ドウ

の酵素で糖質やタンパク質が分解され，味や食感が変化することもある．食品をいかに化学的に安定した形に加工するかは，言い換えれば，いかに「酸素」を断ち，自由に分子運動できて水和していない「水」を断つかで食品の劣化を遅らせられる．私たち生物が生きていくために必要な酸素と水をいかに遮断できるかで，多くの食品の品質と保蔵の安定性が決まるのは興味深い．この節では，食品の水分活性と酸化について解説する．

15.2.1　水分活性

　水分含有量とは，食品中に含まれる水分の量を指す．その水分には，食品成分と水素結合によって水和している**結合水**と，分子運動を自由にできる**自由水**がある．結合水は食品成分と水素結合で水和しているため，蒸発や氷結が起こりにくい．また溶媒としての機能が低いため，微生物が利用しにくい．一方で自由水は，自由な熱力学的運動が可能で，微生物が利用可能な水である．水分含有量が水の「量」だとすると，**水分活性**（water activity, **Aw**）は水の「質」の指標といえる．水分活性は，食品を入れた密閉容器内での蒸気圧（p）とその温度における最大水蒸気圧（p_0）との比であり，次の式で表される．

　　　Aw（水分活性）$= p/p_0$

　純水の Aw は $p/p_0 = 1/1$ となり，1 である．水に塩や糖を溶解すると，加えた化合物のモル濃度に比例して水分活性が低下する．水の一部が化合物と結合するため，食品の水蒸気圧（p）の値が小さくなり，Aw は 1 よりも小さい数値になる．水分活性は，食品を保蔵する際の劣化の速さに影響する．**図 15.7** に水分活性と化学反応速度，微生物増殖速度との関係を示す．細菌は水分活性が 0.90 以上，酵母は 0.88 以上，カビは 0.80 以上で生育可能である．そこで食塩や砂糖を加味して水分活性を下げ，**塩蔵**または**糖蔵**される食材も多い．ジャム，

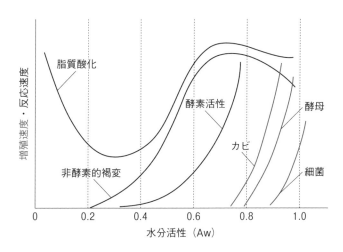

図 15.7　水分活性と微生物の増殖速度，反応速度の関係
久保田紀久枝，森光康次郎編，『食品学——食品成分と機能性 第2版』，東京化学同人（2021），図4・3より（一部改変）．

ソーセージ，つくだ煮は水分活性が0.65〜0.85程度であり，**中間水分食品**と呼ばれる．

15.2.2　食品の酸化と加水分解

　油脂を多く含む揚げ物などにおいて，脂質の酸化は食味を劣化させることがある．この反応は自動的に（つまり非酵素的に）起こる．一方で脂質は，酵素活性を保持したままの食材では酵素によっても酸化あるいは加水分解される．水産物原料の保蔵中での脂質の劣化は嫌な臭いを発する要因となるし，大豆製品では青臭みの原因となる．

(1)　非酵素的酸化

　ポテトチップスや油で揚げた惣菜が劣化する原因の一つに，脂質の**自動酸化**が挙げられる．多価不飽和脂肪酸から水素原子が引き抜かれたものを**ラジカル**といい，酸素と結合して**ペルオキシラジカル**を生成する．ペルオキシラジカルは別の脂肪酸の水素を引き抜き，ラジカルを生成させるとともに，自身は過酸化物となる．これが連続的に進むことを**自動酸化**という（**図 15.8**）．自動酸化は水，熱，光などにより促進される．過酸化物はアルデヒドを生成し，酸敗臭や食中毒の原因になる．

(2)　酵素的酸化

　野菜や果物を切断すると，切断面が褐変する場合がある．これが起こるのは，液胞に存在する**ポリフェノール**と色素体に存在する**ポリフェノールオキシダーゼ**とが，組織が破壊されることで接触し，**キノン**と呼ばれる化合物を生成し，これが重合して褐色化合物を生成するからである（**図 15.9**）[3]．

*3　食品の褐変は，ポリフェノールオキシダーゼによるもの以外にも，糖類を150〜200℃に加熱すると単独で分解・重合して褐色の色素を生み出すカラメル化や，アミノ酸と還元糖などが反応してメラノイジンを生成するアミノカルボニル反応（パンの表面の色や味噌・醬油の色）などがある．

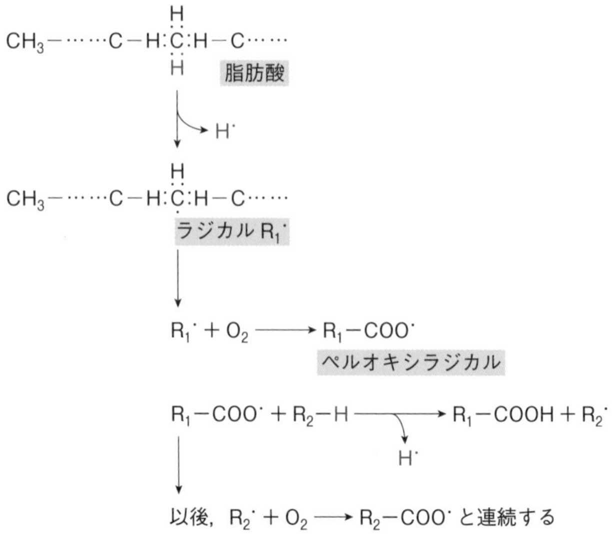

図 15.8 脂質の自動酸化

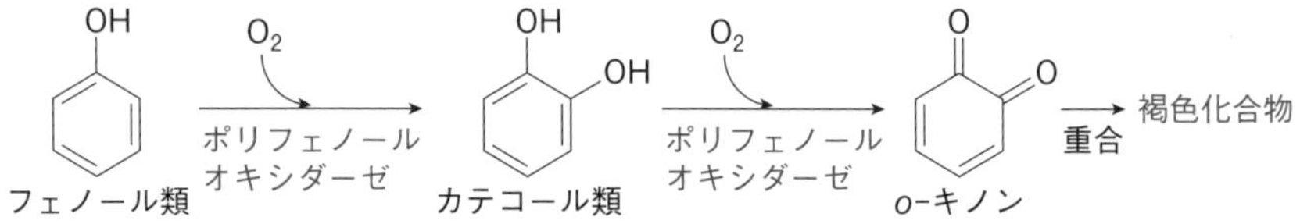

図 15.9 ポリフェノールオキシダーゼによる褐変反応

　一方，豆腐や豆乳などの大豆製品がもつ特有の青臭みは，加工時に脂肪酸が**リポキシゲナーゼ**により酸化されるからである．つまり，多価不飽和脂肪酸が酸化して過酸化脂質になる．現在では，どのような大豆加工食品を製造するかにより，リポキシゲナーゼが大豆に内在しない品種が用いられたりしている．

(3) 酵素的加水分解

　水産物を原料のまま冷凍で貯蔵すると，ホスファチジルコリンやリゾホスファチジルコリン，ホスファチジルエタノールアミンといった**リン脂質**が減少する．これは，魚肉中に含まれる**リパーゼ**という酵素の加水分解によるものである（**図 15.10**）．加水分解により生成した脂肪酸は，タンパク質を変性させるといわれている．これにより，たとえば塩溶性タンパク質の抽出量が減少すると，練り製品などの加工に影響する．

▶ 15.3　食品の包装と化学

　本書ではこれまで，さまざまな反応をエネルギー論的，物理化学的な視点から学んだ．化合物同士が反応することを**化学反応**といい，多くの場合に水，酸

リン脂質（ホスファチジルコリン）

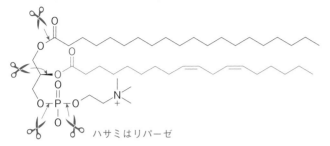

ハサミはリパーゼ

リン脂質（ホスファチジルコリン）

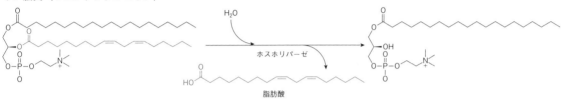

H₂O

ホスホリパーゼ

OH

脂肪酸

図 15.10　リパーゼによるリン脂質の加水分解

素，酵素，高エネルギー化合物がその反応に関わっている．そこで最後の節では，「化合物の変化はこうすることで抑制される」という仕組みを解説する．つまり，**食品の包装**にその戦略がある．

15.3.1　包装の種類

　金属は密閉性に優れているが，酸や塩分を多く含む食品が接触する際の金属の腐敗を防ぐために，樹脂でコーティングする技術が用いられている．逆に，スズを露出させてビタミン C や清涼感を保持することもあり，これはスズの還元作用を利用したものである．飲料缶や缶詰の缶が具体例である．

　ガラスは化学的に安定であり，密封性にも優れている．再利用も可能である．機能性成分として知られるポリフェノール類や酸との反応性も非常に低い．瓶詰やビール瓶が具体例である．ビール瓶は，内容物を光や紫外線による劣化から保護するためにガラスが着色されている．

　食品包装の多くの素材が，「ポリ」エチレン，「ポリ」プロピレンといったように，接頭語に「ポリ」がつく．ポリとは「重合された」の意味である．ポリエチレンは製造時の圧力により密度を高くできる．高密度だと気体透過性は下がるが，ポリエチレン自体が他の包装素材と比較して気体透過性が高いわけではない．菓子類などに広く用いられている．ポリ塩化ビニリデンは強酸・強アルカリに対して安定である．家庭用のラップフィルムに用いられている．ポリエチレンテレフタレート（PET）は気密性が高く，－70 ℃から 150 ℃まで使用可能で，油脂や酸に耐性がある．炭酸飲料などの容器に使われ，「ペットボ

トル」と称されている.

　以上に挙げた種類の素材を，いくつかの層をとる構造にしたものを**ラミネートフィルム**という．たとえば，内容物と接する部分にポリエチレン，中間層に遮光のためのアルミニウムを用い，気密性や強度，ヒートシール性，さらには印刷のしやすさといったように2〜5種類の層を重ねることがある．冷凍食品からレトルトパウチ食品まで広く利用されている.

15.3.2　包装の技術

　製造された食品をいかに適切な環境下で包装して保蔵するかにも，化学反応や代謝を抑えるために考慮された技術が採用されている．前項でさまざまな特徴をもつ包装材料があることを述べたが，ここではそれらの素材を用いて包装する際の技術について紹介する.

(1)　無菌充填包装

　無菌充填包装とは，無菌環境下で包装し密封する方法である．包装後に加熱殺菌をする瓶詰や缶詰と異なり，熱に不安定な化合物が分解したり退色したりすることがない．牛乳や果汁飲料などの充填・包装に用いられることがある.

(2)　真空包装

　真空包装とは，透過性の高い包装素材を用いて，空気を脱気した後にシールする方法である．脱気することで食品中の化合物の酸化を防ぐことができる．**レトルトパウチ食品**は，酸素や光の透過性が低い包装素材で包装した後に密封し，加圧加熱殺菌したものであり，長期の保蔵が可能になる.

(3)　ガス置換包装

　ガス置換包装とは，食品を入れた容器内の酸素分圧を低くするために，窒素や二酸化炭素を封入して包装する方法である[*4]．このガス置換包装と同様に，容器内の気体組成を変化させる包装がある．青果物をポリエチレンやポリプロピレンなどで覆ったり包んだりすることで，**MA 包装**（modified atmosphere packing, MAP）という[*5]．青果物自身の呼吸により袋内の二酸化炭素濃度が上昇することで，最終的には呼吸作用を抑えて青果の長期保存が可能になる.

[*4] 酸素のない状態は好気性微生物の繁殖も抑えられ，食品の劣化や変敗も防げる.

[*5] 青果物の貯蔵庫内の空気組成を人工的に調節した貯蔵を CA 貯蔵（controlled atmosphere storage）という．酸素が 3〜7%，二酸化炭素が 2〜10% である.

練習問題

1. ルビスコはどのような条件のときに，炭素と酸素をそれぞれ同化するか.
2. タンパク質の変性を利用した食品を挙げなさい.
3. 食品が劣化する原因を述べなさい.
4. 各種包装素材がもつ特徴を述べなさい.

索　引

著者紹介

平　修（たいら　しゅう）

北陸先端科学技術大学院大学材料科学科
博士後期課程修了
現在　福島大学農学群食農学類教授
専門　材料科学
博士（材料科学）
執筆担当　1〜12章

田村　倫子（たむら　ともこ）

東京大学大学院農学生命科学研究科博士後期課程修了
現在　東京農業大学応用生物科学部
　　　　食品安全健康学科准教授
専門　食品学
博士（農学）
執筆担当　15章

杉浦　悠毅（すぎうら　ゆうき）

東京工業大学大学院生命理工学研究科
博士後期課程修了
現在　京都大学大学院医学研究科
　　　　附属がん免疫総合研究センター特定准教授
専門　生化学，分析化学
博士（工学）
執筆担当　6，7，10〜12章

永井　俊匡（ながい　としただ）

東京大学大学院農学生命科学研究科博士後期課程修了
現在　高崎健康福祉大学農学部生物生産学科准教授
専門　栄養学
博士（農学）
執筆担当　13，14章

バイオサイエンスのための基礎化学

第1版　第1刷　2023年3月31日

著　者　平　　　修
　　　　杉浦　悠毅
　　　　田村　倫子
　　　　永井　俊匡
発　行　者　曽根　良介
発　行　所　㈱化学同人

〒600-8074　京都市下京区仏光寺通柳馬場西入ル
編集部　TEL 075-352-3711　FAX 075-352-0371
営業部　TEL 075-352-3373　FAX 075-351-8301
　　　　　　振　替　01010-7-5702
e-mail　webmaster@kagakudojin.co.jp
URL　https://www.kagakudojin.co.jp
印刷・製本　創栄図書印刷㈱

本書のご感想を
お寄せください